中等职业技术学校机械类专业通用教材

公差配合与技术测量习题集

第 2 版

曾秀云　主编
梁文远　参编
张可安　主审

机械工业出版社

本书是中等职业技术学校机械类专业通用教材《公差配合与技术测量　第2版》的配套习题集，是在总结中职和中技多年教学研究与教学实践的基础上，参考最新《国家职业标准》对这方面知识的要求，从辅助教学、检验和帮助学生掌握基本公差配合知识的角度，吸取众家之长编写的。

　　本书主要内容包括尺寸公差与配合、几何公差、表面粗糙度、技术测量的基本知识、常用的计量器具及光滑工件尺寸的检测等。

　　本书选题精练、密切配合课堂教学；习题题型新颖、形式多样，有填空、判断、选择、计算、填表、标注、改错等，难易适中，对学生全面掌握、巩固理论知识，提高学生分析问题和解决问题的能力，能够起到很好的促进和帮助作用。

　　本书既可作为中职、中技学校的教材，又可作为职业技能培训教材，还可供高职高专职业院校选用。

　　习题集答案在所配的电子教案内。电子教案可在 http://www.cmpedu.com 或 http://www.cmpbook.com 网站免费下载，或咨询电话 010-88379405。

图书在版编目（CIP）数据

公差配合与技术测量习题集/曾秀云主编.　　2版.　—北京：机械工业出版社，2010.9（2025.8重印）
中等职业技术学校机械类专业通用教材
ISBN 978-7-111-31463-9

Ⅰ.①公…　Ⅱ.①曾…　Ⅲ.①公差-配合-专业学校-习题②技术测量-专业学校-习题　Ⅳ.① TG801-44

中国版本图书馆 CIP 数据核字（2010）第 150214 号

机械工业出版社（北京市百万庄大街22号　邮政编码100037）
策划编辑：何月秋　责任编辑：庞　晖　责任校对：姚培新
封面设计：马精明　责任印制：郜　敏
三河市宏达印刷有限公司印刷
2025 年 8 月第 2 版·第 16 次印刷
140mm×203mm·4.875 印张·126 千字
标准书号：ISBN 978-7-111-31463-9
定价：16.00 元

第 2 版前言

"公差配合与技术测量"是中、高等工科职业院校机械类专业和近机类专业课程体系中一门重要的技术基础课。它在教学中起着联系基础课及其他技术基础课与专业课的桥梁作用，也起着联系设计类课程与制造工艺课程的纽带作用。它紧紧围绕机械产品零部件的制造误差和公差及其关系，研究零部件的设计、制造精度与技术测量方法。《公差配合与技术测量》教材第 1 版自 2007 年出版以来，在高职、中专、中技等职业院校中发挥了重要作用，受到了广大师生的欢迎和好评，先后重印 7 次，发行了 30000 多册。2007 年，荣获广东省职业培训协会科研成果教材类三等奖；2008 年荣获人力资源和社会保障部中国职工和职业培训协会科研成果教材类一等奖。

本书是中等职业技术学校机械类专业通用教材《公差配合与技术测量基础　第 2 版》的配套用书，是在总结中职和中技多年教学研究与教学实践的基础上，参考最新《国家职业标准》对这方面知识的要求，从辅助教学、检验和帮助学生掌握基本公差配合知识的角度，吸取众家之长编写的。

本书主要内容包括：尺寸公差与配合、几何公差、表面粗糙度、技术测量的基本知识、常用的计量器具及光滑工件尺寸的检测等。

本书选题精练、密切配合课堂教学；习题题型新颖、形式多样，有填空、判断、选择、计算、填表、标注、改错等，难易适中，对学生全面掌握、巩固理论知识，提高学生分析问题和解决问题的能力，能够起到很好的促进和帮助作用。

本书既可作为中职、中技学校的教材，也可作为职业技能培训和高职高专院校教材，还可作为从事机械设计与机械制造的工程技术人员的参考用书。

由于作者水平有限，书中缺点和错误在所难免，诚挚希望使用本书的教师和广大读者批评指正，以便修改完善。

本书电子教案和习题答案可在 http://www.cmpedu.com 和 http://www.cmpbook.com 网站免费下载，也可咨询 010-88379405。

编　者

目　　录

第 2 版前言

绪论 ……………………………………………………………………………… 1

第一章　尺寸公差与配合 …………………………………………………… 5

　第一节　基本术语及其定义 ……………………………………………… 5

　第二节　标准公差系列 …………………………………………………… 20

　第三节　基本偏差系列 …………………………………………………… 24

　第四节　基准制 …………………………………………………………… 31

　第五节　公差带与配合的选用 …………………………………………… 42

第二章　几何公差 …………………………………………………………… 45

　第一节　概述 ……………………………………………………………… 45

　第二节　几何公差和公差带 ……………………………………………… 50

　第三节　几何公差的标注 ………………………………………………… 56

　第四节　公差原则 ………………………………………………………… 68

　第五节　几何公差的定义和解释 ………………………………………… 78

第三章　表面粗糙度 ………………………………………………………… 92

　第一节　表面粗糙度概述 ………………………………………………… 92

　第二节　表面粗糙度的评定 ……………………………………………… 95

　第三节　表面粗糙度符号、代号及标注 ………………………………… 101

　第四节　表面粗糙度的应用及检测 ……………………………………… 107

第四章　技术测量 …………………………………………………………… 111

　第一节　技术测量的基础知识 …………………………………………… 111

　第二节　常用长度计量器具 ……………………………………………… 122

　第三节　常用角度计量器具 ……………………………………………… 133

　第四节　光滑工件尺寸的检测 …………………………………………… 138

绪　论

1. 互换性是指制成的＿＿＿＿＿的一批零件，不作任何挑选、调整或＿＿＿＿＿，就能进行装配，并能保证满足机械产品的＿＿＿＿＿＿的一种特性。

2. 互换性按其程度和范围的不同可分为＿＿＿＿＿和＿＿＿＿＿＿两种。其中＿＿＿＿＿互换性在生产中得到广泛应用。

3. 所谓不完全互换性，就是在装配前允许有＿＿＿＿＿，装配时允许有＿＿＿＿＿＿但不允许＿＿＿，装配后能满足预期的＿＿＿＿＿。

4. 分组装配法属典型的＿＿＿＿互换性。其方法是零件加工完后根据零件提取组成要素的局部尺寸的大小分成＿＿＿，使每组零件之间的提取组成要素的局部尺寸差别＿＿＿，装配时则按＿＿＿＿进行（例如，大孔与大轴相配，小孔与小轴相配）。

5. 互换性原则广泛应用于机械制造中的＿＿＿＿、零（部）件的＿＿＿＿、机器的＿＿＿＿等各个方面。

6. 公差是指零件的几何参数允许的＿＿＿＿＿，它主要包括＿＿＿＿、＿＿＿＿和位置公差等。

7. 技术标准作为＿＿＿、＿＿＿、＿＿＿和工程技术、技术设备、产品等的依据，一般分为＿＿＿、＿＿＿、＿＿＿、安全卫生与环保标准等。公差配合标准等都属于＿＿＿＿。

8. 公差标准是一种＿＿＿＿＿。制定和贯彻公差标准是实现＿＿＿的基础。

9. 标准化是指在_____标准、_____标准和对标准实施进行_____的社会活动的_____，是一项重要的_____。

二、判断题（将正确答案填写在括号内，对画√，错画×）

（　　）1. 当装配精度要求较高时，可采用完全互换性。

（　　）2. 分组装配法即属典型的不完全互换性。

（　　）3. 互换性要求零件具有一定的加工精度。

（　　）4. 加工误差可能会影响到零件的使用性能。

（　　）5. 完全互换性的装配效率一定高于不完全互换性。

（　　）6. 完全互换性用于厂际协作或配件的生产，不完全互换性仅限于部件或机构的制造厂内部的装配。

（　　）7. 当零件具有完全互换性时，零件的几何尺寸完全一致。

（　　）8. 完全互换性便于实现装配自动化，提高装配生产率。

（　　）9. 要使零件具有互换性，就必须保证零件的几何参数的准确性。

（　　）10. 凡是具有互换性的零件必须是合格品。

（　　）11. 只要误差在公差范围内，零件就合格。

（　　）12. 只要将误差控制在公差范围内，零件就具有互换性。

三、单项选择题（每小题只有一个正确答案，请将正确答案的序号填写在括号内）

1. 具有互换性的零件应是（　　）。

　　A. 相同规格的零件　　B. 形状和尺寸完全相同的零件

　　C. 相互配合的零件　　D. 不同规格的零件

2. 某一零件在装配时需要进行修配，则此种零件（　　）。

　　A. 不具有互换性　　B. 具有不完全互换性

　　C. 具有完全互换性　　D. 无法确定其是否具有互换性

3. 分组装配法属于典型的不完全互换性，它一般使用在

（　　）。

    A. 装配精度要求很高时　　B. 加工精度要求提高时

    C. 装配精度要求较低时　　D. 厂际协作或配件的生产

4. 绝对互换性的装配效率与有限互换性相比（　　）。

    A. 两者相同　　　　　　　B. 前者低于后者

    C. 前者高于后者　　　　　D. 无法确定两者的高低

5. 不完全互换性与完全互换性的主要区别在于不完全互换性（　　）。

    A. 装配精度比不完全互换性低

    B. 在装配时不允许有附加的调整

    C. 在装配时允许适当的修配

    D. 在装配前允许有附加的选择

四、简答题

1. 什么是互换性？它对现代化生产有何重要意义？

2. 具有互换性的零件必须具备哪些条件？

3. 试区别不完全互换性与完全互换性的异同点。

第一章　尺寸公差与配合

第一节　基本术语及其定义

一、填空题（将正确答案填写在横线上）

1. 通常工件的圆柱形和非圆柱形的＿＿＿＿称为孔，它在加工过程中，尺寸由＿＿＿＿变＿＿＿＿；而轴通常指工件的圆柱形和＿＿＿＿的外表面，在加工过程中，尺寸则由＿＿＿＿变＿＿＿＿。

2. 用＿＿＿＿表示线性尺寸值的＿＿＿＿称为尺寸。它由＿＿＿＿和＿＿＿＿两部分组成，如 50mm、80μm 等。在机械零件中，尺寸包括＿＿＿＿、＿＿＿＿、＿＿＿＿、＿＿＿＿和中心距等。

3. 国标规定，图样上的尺寸通常以＿＿＿＿为单位，如以此为单位时，可省略单位的标注，仅标注＿＿＿＿。采用其他单位时，则必须在数值后注写＿＿＿＿。

4. 公称尺寸是指应用＿＿＿＿可计算出＿＿＿＿的尺寸。它由设计给定，设计时可根据零件的＿＿＿＿，通过＿＿＿＿或＿＿＿＿的方法确定。

5. 孔的公称尺寸用＿＿＿＿表示，轴的公称尺寸用＿＿＿＿表示。

6. 由一定大小的＿＿＿＿或＿＿＿＿确定的几何形状称为尺寸要素。它可以是＿＿＿＿、＿＿＿＿、＿＿＿＿或楔形。

7. 允许尺寸变化的两个界限值分别是上极限尺寸和＿＿＿＿。它们是以＿＿＿＿为基数来确定的。

8. 公称尺寸和极限尺寸都是＿＿＿＿时给定的。

9. 尺寸偏差是指＿＿＿＿减其＿＿＿＿所得的代数差。它可以为_____、_____或_____，在计算和使用中一定要注意偏差的_____，不能遗漏。

10. 尺寸公差是指_____尺寸减_____尺寸之差，或_____偏差减_____偏差之差，它是允许尺寸的_____。

11. 零线是指在极限与配合图解中，表示_____的一条直线，以它为基准确定_____和_____。

12. 公差带是指在公差带图解中，由代表_____偏差和_____偏差或_____尺寸和_____尺寸的两条直线所限定的一个_____。它由_____和_____两个要素确定。

13. 配合是指_____相同的、相互结合的孔和轴的_____之间的关系。通常它反映零件装配后的_____。

14. 孔的尺寸减去相配合的轴的尺寸为正时是_____，代号为_____，数值前应标_____号；孔的尺寸减去相配合的轴的尺寸为负时是_____，代号为_____，数值前应标_____号。

15. 配合公差是指组成配合的孔与轴的_____，它是允许_____或_____的变动量。代号为_____。它与尺寸公差一样，其数值不可能为_____。

16. 从加工的角度看，公称尺寸相同的零件，公差值_____，加工就越容易。

17. 按孔公差带和轴公差带相对位置的不同，配合分为_____配合、_____配合和_____配合三种。其中孔公差带在轴公差带之上时为_____配合，孔、轴公差带交叠时为_____配合，孔公差带在轴公差带之下时为_____配合。

18. 极限间隙分为_____和_____，代号分别为_____和_____。

19. 最大过盈和最小过盈统称为_____过盈。最大过盈是过盈配合或过渡配合中处于最_____状态时的过盈，最小过盈是_____配合中处于最松状态时的过盈。

20. 最大间隙是_____配合或_____配合中处于最松状态时的间隙，最小间隙是间隙配合中处于_____状态时的间隙。

21. 在间隙配合或过渡配合中，最大间隙等于孔的_____尺寸与轴的_____尺寸之差；在过盈配合或过渡配合中，最大过盈等于孔的_____尺寸与轴的_____尺寸之差。

22. 在过渡配合中，允许实际间隙的变化范围是_____到_____；允许实际过盈的变化范围是_____到_____。

23. 配合精度的高低是由相互结合的_____和_____的精度决定的。

24. 配合公差是对配合的_____程度给出的允许值。配合公差越大，则配合时形成的间隙或过盈可能出现的差别_____，配合的精度_____。

二、判断题（将正确答案填写在括号内，对画✓，错画×）

（　　）1. 零件装配后孔为包容面，轴为被包容面。

（　　）2. 凡内表面皆为孔，凡外表面皆为轴。

（　　）3. 由一定大小的线性尺寸或角度尺寸确定的几何形状称为尺寸要素。

（　　）4. 由技术制图或其他方法确定的理论正确组成要素称为提取组成要素。

（　　）5. 合格零件的提取要素的局部尺寸应在极限尺寸之间。

（　　）6. 尺寸偏差是代数差，因而尺寸偏差可为正值、负值或零。

（　　）7. 零件同一表面上不同位置的提取要素的局部尺寸一定相等。

（　　）8. 上极限偏差一定大于下极限偏差。

（　　）9. 通常上极限偏差为正值，下极限偏差为负值。

（　　）10. 尺寸公差与尺寸偏差一样可以为正值、负值或零。

（　　）11. 当零件的提取要素的局部尺寸等于其公称尺寸时，其尺寸公差为零。

（　　）12. 尺寸公差也可以说是零件尺寸允许的最大偏差。

（　　）13. 尺寸公差等于上极限尺寸减下极限尺寸之代数差的绝对值，也等于上极限偏差与下极限偏差之代数差的绝对值。

（　　）14. 在尺寸公差带图中，零线以上的为正偏差，零线以下的为负偏差。

（　　）15. 当上极限偏差和下极限偏差的绝对值相等时，基本偏差可以是上极限偏差，也可以是下极限偏差。

（　　）16. 公称尺寸相同的孔和轴便可组成配合。

（　　）17. 间隙等于孔的尺寸减去相配合的轴的尺寸之差。

（　　）18. 在间隙配合中，孔的提取组成要素的局部尺寸总是大于或等于轴的提取组成要素的局部尺寸。

（　　）19. 当孔公差带在轴公差带之上时，此配合一定是间隙配合。

（　　）20. 配合公差值可以是正值、负值和零。

（　　）21. 间隙的存在是配合后能产生相对运动的基本条件。

（　　）22. 极限间隙与极限过盈是设计时给定的。

（　　）23. 凡在配合中出现间隙，其配合性质一定是属于间隙配合。

（　　）24. 在过盈配合中有可能出现零过盈的状态，在过渡配合中也有可能出现零过盈的状态。

（　　）25. 间隙配合的特征值是最大间隙和最小间隙，过盈配合的特征值是最大过盈和最小过盈，过渡配合的特征值是最大间隙和最大过盈。

（　　）26. 在尺寸公差带图中，孔和轴公差带的相对位置关系可以确定孔、轴的配合性质。

（　　）27. 在孔、轴的配合中，若 $EI \geq es$，则此配合必为间隙配合；若 $EI \leq es$，则此配合必为过盈配合。

（　　）28. 当相配合的孔和轴的公差较大时，其配合公差也较大。

（　　）29. 对于间隙配合，间隙越大时，则配合公差也越大。

（　　）30. 孔与轴的加工精度越高，则其配合精度也越高。

（　　）31. 若孔、轴配合出现很大的间隙或过盈时，则说明孔、轴的精度很低。

三、单项选择题（每小题只有一个正确答案，请将正确答案的序号填写在括号内）

1. 在切削过程中，孔的尺寸（　　）。
   A. 由小变大　　　　　　　B. 由大变小
   C. 不会变化　　　　　　　D. 无规律变化

2. 国标中规定，在机械加工中，通常均以（　　）作为尺寸的特定单位。
   A. μm　　　　　　　　　　B. cm
   C. dm　　　　　　　　　　D. mm

3. 对公称尺寸进行标准化的目的是（　　）。
   A. 方便尺寸的测量
   B. 便于设计时的计算
   C. 简化设计过程
   D. 简化定值刀具、量具、型材和零件尺寸的规格

4. 极限尺寸和公称尺寸都是（　　）。
   A. 加工时得到的　　　　　B. 测量时得到的
   C. 装配后得到的　　　　　D. 设计时给定的

5. 提取组成要素的局部尺寸与公称尺寸的关系是（　　）。
   A. 前者大于后者　　　　　B. 两者之间的大小无法确定
   C. 前者等于后者　　　　　D. 前者小于后者

6. 合格零件的实际偏差应在（　　）之间。
   A. 下极限偏差　　　　　　B. 极限偏差
   C. 基本偏差　　　　　　　D. 上极限偏差

7. 上极限尺寸减其公称尺寸所得的代数差为( )。

    A. 实际偏差   B. 下极限偏差

    C. 基本偏差   D. 上极限偏差

8. 极限偏差是( )。

    A. 加工后测量得到的

    B. 上极限尺寸与下极限尺寸之差

    C. 设计时确定的

    D. 实际（组成）要素减公称尺寸的代数差

9. 提取组成要素的局部尺寸与极限尺寸的关系是( )。

    A. 小于或等于   B. 大于或等于

    C. 大于   D. 无法确定

10. 实际偏差与极限偏差的关系是( )。

    A. 前者大于后者

    B. 前者等于后者

    C. 两者之间的大小无法确定

    D. 前者小于后者

11. 在公差带图解中，当上极限偏差或下极限偏差为零值时，( )。

    A. 必须标出零值   B. 不能标出零值

    C. 标或不标零值皆可   D. 视具体情况而定

12. 关于偏差与公差之间的关系，下列说法中正确的是( )。

    A. 上极限偏差越大，公差越大

    B. 下极限偏差越大，公差越大

    C. 实际偏差越大，公差越大

    D. 极限偏差之差的绝对值越大，公差越大

13. 尺寸公差一定( )。

    A. >0 B. <0

    C. $\geqslant 0$ D. $\leqslant 0$

14. 公差带图解中的零线表示( )。

A. 真实尺寸　　　　　　　　B. 提取组成要素的局部尺寸

C. 公称尺寸　　　　　　　　D. 下极限尺寸

15. 一般情况下，基本偏差是(　　　)。

A. 下极限偏差　　　　　　　B. 实际偏差

C. 上极限偏差

D. 上极限偏差或下极限偏差中靠近零线的那个

16. 当孔的上极限尺寸与轴的下极限尺寸之代数差为负值时，此代数差称为(　　　)。

A. 最大间隙　　　　　　　　B. 最大过盈

C. 最小间隙　　　　　　　　D. 最小过盈

17. 在过盈配合中，孔的提取组成要素的局部尺寸总是(　　　)轴的提取组成要素的局部尺寸。

A. 大于或等于　　　　　　　B. 小于或等于

C. 小于　　　　　　　　　　D. 大于

18. 当孔的下极限偏差大于相配合的轴的上极限偏差时，此配合的性质是(　　　)。

A. 过盈配合　　　　　　　　B. 过渡配合

C. 间隙配合　　　　　　　　D. 无法确定

19. 当孔的上极限偏差大于相配合的轴的下极限偏差时，此配合的性质是(　　　)。

A. 间隙配合　　　　　　　　B. 过盈配合

C. 过渡配合　　　　　　　　D. 无法确定

20. 当孔的上极限尺寸小于相配合的轴的下极限尺寸时，此配合的性质是(　　　)。

A. 间隙配合　　　　　　　　B. 过渡配合

C. 过盈配合　　　　　　　　D. 无法确定

21. 关于配合公差，下列说法中错误的是(　　　)。

A. 配合公差是对配合松紧变动程度所给定的允许值

B. 配合公差反映了配合松紧程度

C. 配合公差等于相配合的孔公差与轴公差之和

D. 配合公差等于极限盈隙的代数差

22. 下列各关系式中，能确定孔与轴的配合为过渡配合的是（   ）。

    A. EI > ei   B. ES ≤ ei

    C. EI ≥ es   D. EI < ei < ES

23. 下列各关系式中，表达正确的是（   ）。

    A. $T_f = -0.02$mm   B. es = $+0.010$mm

    C. EI = 0.030mm   D. $X_{min} = 0.023$mm

24. 过盈配合中，表示孔轴配合处于最松状态的值是（   ）。

    A. Y_{min} B. X_{min}

    C. Y_{max} D. X_{min} 与 Y_{min}

25. 两平行提取表面的局部尺寸是指两平行对应提取表面上两对应点之间的距离，其中，所有对应点的连线均（   ）于拟合中心面。

    A. 平行   B. 倾斜

    C. 垂直

四、多项选择题（每小题至少有两个正确答案，请将正确答案的序号填写在括号内）

1. 关于尺寸，下列说法中正确的是（   ）。

    A. 公称尺寸和极限尺寸都是设计时给定的

    B. 提取组成要素的局部尺寸等于公称尺寸时，零件的尺寸就合格

    C. 零件合格时，提取组成要素的局部尺寸在极限尺寸之间

    D. 提取组成要素的局部尺寸是通过测量得到的尺寸

    E. 只要公称尺寸在极限尺寸之间，零件的尺寸就合格

2. 关于尺寸偏差，下列说法中正确的是（   ）。

    A. 尺寸偏差可以为正值、负值或零

    B. 尺寸偏差的绝对值越大，说明该尺寸与其提取组成要

素的局部尺寸相差越大

  C. 下极限偏差总是小于上极限偏差

  D. 零件的尺寸合格时，上极限偏差等于下极限偏差

  E. 实际偏差在极限偏差之间，零件的尺寸就合格

  F. 尺寸偏差越小，说明该尺寸与其提取要素的局部尺寸相差越小

3. 关于尺寸偏差与尺寸公差之间的关系，下列说法中正确的是(   )。

  A. 实际偏差越小，公差越小

  B. 上极限偏差和下极限偏差越小，公差越小

  C. 上极限偏差或下极限偏差越小，公差越小

  D. 上、下极限偏差之差的绝对值越小，公差越小

  E. 由极限偏差的数值可以确定尺寸公差的数值

  F. 上、下极限偏差之差越小，公差越小

4. 关于公差，下列说法中正确的是(   )。

  A. 公称尺寸相同，公差值越小，加工越困难

  B. 尺寸公差是尺寸变动的范围

  C. 尺寸公差只能大于零，因而公差值前应标" + "号

  D. 尺寸公差是用绝对值来定义的，故公差值前不应标" + "号

  E. 尺寸公差是为限制尺寸误差而设置的，尺寸误差只要在公差范围内，尺寸就合格

5. 关于零件尺寸合格的条件，下列说法中正确的是(   )。

  A. 提取组成要素的局部尺寸在极限尺寸之间

  B. 公称尺寸在极限尺寸之间

  C. 实际（组成）要素在公差范围内

  D. 实际偏差在公差范围内

  E. 实际偏差在极限偏差之间

  F. 误差在公差范围内

6. 下列各关系式中，表达正确的是(   )。

A. $ES = 0.024mm$ B. $es = -0.020mm$

C. $T_f = 0.02mm$ D. $X_{min} = 0.023mm$

E. $EI = +0.001mm$ F. $ei = 0$

G. $X_{max} = +0.023mm$

7. 间隙配合中的最小间隙等于(　　　)。

A. 孔的下极限尺寸减轴的上极限尺寸

B. 孔的提取组成要素的局部尺寸减轴的提取组成要素的局部尺寸

C. 孔的上极限尺寸减轴的下极限尺寸

D. 孔的下极限偏差减轴的上极限偏差

E. 孔的上极限偏差减轴的下极限偏差

F. 孔的实际偏差减轴的实际偏差

8. 过盈配合中的最大过盈等于(　　　)。

A. 孔的上极限尺寸减轴的下极限尺寸

B. 孔的提取组成要素的局部尺寸减轴的提取组成要素的局部尺寸

C. 孔的下极限尺寸减轴的上极限尺寸

D. 孔的上极限偏差减轴的下极限偏差

E. 孔的下极限偏差减轴的上极限偏差

F. 孔的实际偏差减轴的实际偏差

9. 下列各关系式中，可以判定为间隙配合的是(　　　)

A. $ES > ei$ B. $EI > es$

C. $D_{min} > d_{max}$ D. $D_{min} > d_{min}$

E. $EI > ei$ F. $D_{max} > d_{max}$

G. $ES > es$ H. $D_{max} > d_{min}$

10. 下列各关系式中，可以判定为过盈配合的是(　　　)

A. $ES < ei$ B. $EI < es$

C. $D_{min} < d_{max}$ D. $D_{min} < d_{min}$

E. $EI < ei$ F. $D_{max} < d_{max}$

G. $ES < es$ H. $D_{max} < d_{min}$

11. 过渡配合中松紧程度的特征值是( )

    A. Y_{min} B. X_{min} 和 X_{max}

    C. X_{max} D. Y_{min} 和 Y_{max}

    E. Y_{max} F. X_{min}

12. 对于间隙配合，配合公差等于( )

    A. 最大间隙减去最小间隙

    B. 相配合的孔公差与轴公差之和

    C. 最小过盈减去最大间隙

    D. 最大间隙与最小间隙的代数差的绝对值

    E. 最小过盈与最大间隙的代数差的绝对值

五、简答题

1. 如何区别孔和轴？试分析图 1-1 所示的零件尺寸中哪些是孔，哪些是轴？

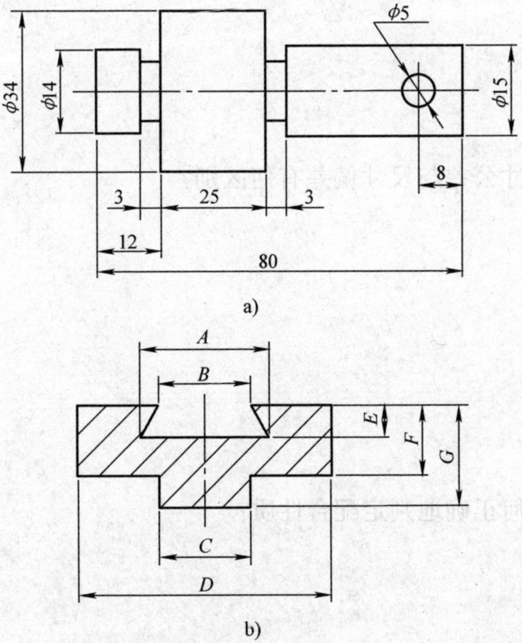

a)

b)

图 1-1

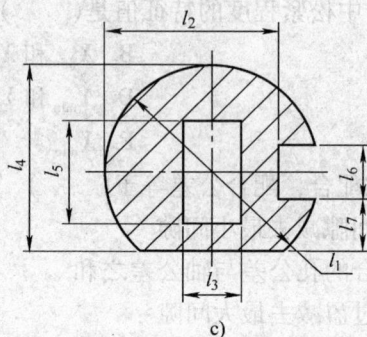

c)

图　1-1（续）

2. 尺寸公差与尺寸偏差有何区别？

3. 如何正确地判定配合性质？

4. 什么叫配合公差？试写出几种配合公差的计算式。

5. 配合分哪几类？各是如何定义的？

六、综合题

1. 已知一加工好的轴的尺寸为 $\phi60.018$mm，上极限尺寸为 $\phi60.028$mm，下极限尺寸为 $\phi60.008$mm，试问此轴是否合格？

2. 加工某孔 $\phi50^{+0.030}_{-0.001}$mm 和轴 $\phi50^{+0.060}_{+0.003}$mm，试求极限偏差、公称尺寸、极限尺寸、公差和配合公差。

3. 计算下表各空格处数值，并按规定填写在表中。

（单位：mm）

$D(d)$	$D_{max}(d_{max})$	$D_{min}(d_{min})$	ES（es）	EI（ei）	$T(T_h、T_s)$	尺寸标注
轴 $\phi28$	28.050	28.032				
孔 $\phi60$			+0.072		0.019	
孔 $\phi30$		29.959			0.021	
轴 $\phi80$			-0.010	-0.056		

4. 计算下列孔和轴的尺寸公差，并分别绘出尺寸公差带图。

（1）轴 $\phi30^{+0.030}_{-0.001}$ mm

（2）轴 $\phi50^{-0.020}_{-0.030}$ mm

（3）孔 $\phi100^{+0.050}_{+0.021}$ mm

（4）孔 $\phi60 \pm 0.020$ mm

5. 计算下列各组配合的极限盈隙及配合公差。

（1） $\phi80^{+0.030}_{+0.010}$ mm 和轴 $\phi80^{+0.010}_{-0.010}$ mm

（2）孔 $\phi50^{-0.030}_{-0.050}$ mm 和轴 $\phi50^{+0.030}_{-0.001}$ mm

（3）孔 $\phi100^{+0.040}_{+0.020}$ mm 和轴 $\phi100^{+0.030}_{+0.001}$ mm

20

6. 根据下表中的数值，填写相应空格中的内容。

（单位：mm）

公称尺寸	配合件	极限尺寸		极限偏差		基本尺寸与极限偏差标注	公差 T (T_n,T_s)	间隙 X 或过盈 Y		配合公差 T_f
		D_{max} (d_{max})	D_{min} (d_{min})	ES (es)	EI (ei)			X_{max} (Y_{max})	X_{min} (Y_{min})	
$\phi50$	孔	$\phi50.025$	$\phi50$							
	轴	$\phi49.970$	$\phi49.950$							
$\phi75$	孔	$\phi75.020$	$\phi75$							
	轴	$\phi75.023$	$\phi75.010$							
$\phi60$	孔	$\phi59.970$	$\phi59.948$							
	轴	$\phi60$	$\phi59.980$							

第二节　标准公差系列

一、填空题（将正确答案填写在横线上）

1. 标准规定，用于确定＿＿＿＿＿＿的任一公差称为标准公差。由若干＿＿＿＿＿＿所组成的系列称为标准公差系列。

2. 确定标准公差数值的两个因素是＿＿＿＿＿＿和＿＿＿＿＿＿。

3. 极限与配合在公称尺寸至500mm规定了IT01，IT0，IT1，IT2，…，IT18共＿＿＿＿个标准公差等级，其中＿＿＿＿级精度最高，＿＿＿＿级精度最低；公称尺寸大于500～3150mm规定了＿＿＿＿个标准公差等级，其中＿＿＿＿精度最高，其余依次降低，＿＿＿＿精度最低。

4. 确定公差等级时，必须同时考虑零件的＿＿＿＿＿＿＿和＿＿＿＿＿＿＿＿两个因素。公差等级＿＿＿＿＿＿，零件的精度＿＿＿＿＿＿，使用性能＿＿＿＿＿＿，但加工难度＿＿＿＿＿，生产成本＿＿＿＿＿＿；反之，则生产成本＿＿＿＿＿＿。

5. 公称尺寸分为主段落和中间段落。＿＿＿＿＿＿用于标准公差中的公称尺寸分段，＿＿＿＿＿＿用于基本偏差中的公称尺寸分段。

6. 公差等级相同时，不同的尺寸段的公称尺寸＿＿＿＿＿＿，公差值越小。

7. 在公称尺寸相同的情况下，公差等级＿＿＿＿＿＿，公差值越大。

8. 同一尺寸段内，尽管公称尺寸不同，但只要公差等级＿＿＿＿＿＿，其标准公差值就相同。

9. 确定尺寸精确程度的等级称为＿＿＿＿＿＿，它由＿＿＿＿＿＿、＿＿＿＿＿＿组成，当与其代表基本偏差的字母一起组成公差带时，省略＿＿＿＿＿＿，例如 A7。

10. 标准公差等级＿＿＿＿＿＿和＿＿＿＿＿＿工业上很少用到，因而将其数值列入了 GB/T 1800.1—2009 的附录。

二、判断题（将正确答案填写在括号内，对画√，错画×）

（　　）1. 以公差数值的大小便可判断零件精度的高低。

（　　）2. 公称尺寸相同时，公差等级越低，标准公差数值越小。

（　　）3. 标准公差数值不仅与公差等级有关，还与公称尺寸有关。

（　　）4. 公差等级相同，零件精度便相同。

（　　）5. 公称尺寸越大，标准公差数值必定越大。

（　　）6. 不论公差数值是否相等，只要公差等级相同，则尺寸的精度就相同。

（　　）7. 两个标准公差中，数值小的所表示的尺寸精度一定比数值大的所表示的尺寸精度低。

（　　）8. 标准公差数值相等时，其加工精度不一定相同；而公差等级相同时，其加工精度一定相同。

（　　）9. 对于公称尺寸为 ϕ18E7 和 ϕ18e7 的情况，其公差等级一定相同。

（　　）10. 由于标准公差数值与公称尺寸的大小有关，因而公称尺寸为 100mm、标准公差等级为 IT9 的标准公差数值一定大于公称尺寸为 80mm、标准公差等级为 IT19 的标准公差数值。

三、单项选择题（每小题只有一个正确答案，请将正确答案的序号填写在括号内）

1. 在公称尺寸至 500mm 标准公差设置了（　　）个公差等级。

　　A. 18　　　　　　　　　　B. 20

　　C. 10　　　　　　　　　　D. 15

2. 对标准公差的论述，下列说法中错误的是（　　）。

　　A. 标准公差的大小只与公称尺寸和公差等级有关，而与该尺寸是孔还是轴无关

　　B. 公称尺寸相同时，公差等级越高，标准公差越小

　　C. 在任何情况下，公称尺寸越大，标准公差必定越大

　　D. 若某一公称尺寸段为 250～315mm，则与公称尺寸为 260mm 和 300mm 的同等级的标准公差数值相同

3. 确定不在同一尺寸段的两尺寸的精确程度，是根据（　　）。

　　A. 两个尺寸的公差等级

　　B. 两个尺寸的基本偏差

　　C. 两个尺寸的极限偏差

　　D. 两尺寸的实际偏差

4. $\phi30^{+0.034}_{+0.001}$ mm 与 $\phi30^{+0.085}_{+0.001}$ mm 相比，其尺寸精确程度（　　）。

　　A. 相同　　　　　　　　　B. 前者高，后者低

　　C. 前者低，后者高　　　　D. 无法比较

5. φ100H7 与 φ30H7 相比，其尺寸精确程度(　　)。
    A. 相同　　　　　　　　B. 前者高，后者低
    C. 前者低，后者高　　　D. 无法比较

四、简答题

1. 什么是标准公差？标准公差的代号是什么？

2. 什么是标准公差等级？确定标准公差等级时应考虑哪些因素？

3. 公称尺寸如何分段？各分段应用于哪里？

4. 如何判断零件精度的高低？

第三节　基本偏差系列

一、填空题（将正确答案填写在横线上）

1. 基本偏差是指在极限与配合制中，确定＿＿＿＿＿＿相对＿＿＿＿＿＿位置的那个极限偏差。它可以是＿＿＿＿＿＿偏差或＿＿＿＿＿＿偏差，通常指靠近＿＿＿＿＿＿的那个偏差。

2. 孔和轴各有＿＿＿＿个基本偏差，其代号用＿＿＿＿＿＿表示，大写代表＿＿＿的基本偏差代号，小写代表＿＿＿的基本偏差代号。

3. 孔的基本偏差从＿＿＿至＿＿＿为上极限偏差，它们的绝对值依次逐渐＿＿＿＿＿＿；从＿＿＿至＿＿＿为下极限偏差，其绝对值依次逐渐＿＿＿＿＿＿。

4. 轴的基本偏差从＿＿＿至＿＿＿为下极限偏差，其绝对值依次逐渐＿＿＿＿＿＿；从＿＿＿至＿＿＿为上极限偏差，其绝对值依次逐渐＿＿＿＿＿＿。

5. 孔和轴同字母的基本偏差相对零线呈＿＿＿＿＿＿分布。

6. 基本偏差确定了＿＿＿＿＿＿的位置，从而确定了＿＿＿＿＿＿。

7. 由 JS 与 js 组成的公差带，在各公差等级中完全对称于＿＿＿＿＿＿，按标准规定，其基本偏差可为上极限偏差也可为下极限偏差，但为统一起见，国标将 js 划归为＿＿＿＿＿＿，将 JS 划归为＿＿＿＿＿＿。

8. 已知 $\phi100m7$ 的上极限偏差为 $+0.048mm$，下极限偏差为 $+0.013mm$，$\phi100$ 的 6 级标准公差值为 $0.022mm$，那么，$\phi100m6$ 的上极限偏差为＿＿＿＿＿＿，下极限偏差为＿＿＿＿＿＿。

9. 孔、轴公差带代号由＿＿＿＿＿＿代号和＿＿＿＿＿＿组成。

10. 配合公差带代号由＿＿＿＿＿＿代号的组合表示，写成＿＿＿＿＿＿形式，分子为＿＿＿＿＿＿代号，分母为＿＿＿＿＿＿代号。

二、判断题（将正确答案填写在括号内，对画√，错画×）

（　　）1. 孔和轴各有 30 个基本偏差。

（　　）2. 基本偏差系列由标准化的基本偏差组成。

（　　）3. 孔和轴同字母的基本偏差相对零线基本呈对称分布。

（　　）4. 标准规定 JS 与 js 基本偏差为上极限偏差（数值为 +IT/2）或为下极限偏差（数值为 –IT/2）。

（　　）5. 基本偏差（除 K、k、M、和 N 外）的大小通常都与公差等级有关。

（　　）6. 代号 M 的基本偏差数值随公差等级不同而不同，即可为正值、负值或零。

（　　）7. K、k 和 N 随公差等级的不同而使基本偏差数值有两种不同的情况。

（　　）8. 对于轴的基本偏差，从 a～h 为上极限偏差 es，除 h 的 es = 0，其余小于零，其绝对值依次逐渐减小。

（　　）9. 由 JS 与 js 组成的公差带，在各公差等级中完全对称于零线。

（　　）10. 基本偏差确定公差带的位置，因此基本偏差值越小，公差带距零线越远。

三、单项选择题（每小题只有一个正确答案，请将正确答案的序号填写在括号内）

1. 孔和轴各有（　　）个基本偏差。
 A. 30　　　　　　　　　B. 28
 C. 10　　　　　　　　　D. 15

2. 基本偏差（除 K、k、M 和 N 外）的大小通常都与公差等级（　　）。
 A. 有关　　　　　　　　B. 无关
 C. 不能确定

3. 代号 N 随公差等级的不同而基本偏差数值可为（　　）。
 A. 负值或零值　　　　　B. 正值或零值
 C. 正值或负值　　　　　D. 正值、负值或零值

4. 代号 K、k 随公差等级的不同而基本偏差数值可为

( )。
  A. 负值或零值   B. 正值或零值
  C. 正值或负值   D. 正值、负值或零值

5. 基本偏差为( )。
  A. 上极限偏差
  B. 下极限偏差
  C. 上极限偏差和下极限偏差
  D. 上极限偏差或下极限偏差

6. 对于孔，基本偏差从 A ~ H 为( )。
  A. 上极限偏差
  B. 下极限偏差
  C. 上极限偏差和下极限偏差
  D. 上极限偏差或下极限偏差

7. 对于轴，基本偏差从 j ~ zc 为( )。
  A. 上极限偏差
  B. 下极限偏差
  C. 上极限偏差和下极限偏差
  D. 上极限偏差或下极限偏差

8. 基本偏差确定了( )，从而确定了配合的性质。
  A. 公差带的形状   B. 公差带的位置
  C. 公差带的方向   D. 公差带的大小

9. $\phi50D8$、$\phi50D9$、$\phi50D10$ 三个公差带( )。
  A. 上极限偏差相同但下极限偏差不相同
  B. 上极限偏差相同且下极限偏差相同
  C. 上极限偏差不相同但下极限偏差相同
  D. 上、下极限偏差均不相同
  F. 上、下极限偏差都相同

10. 基本偏差代号为 A、C 的孔与基本偏差代号为 h 的轴可以构成( )。
  A. 间隙配合   B. 过渡配合

 C. 过盈配合　　　　　　D. 过渡配合或间隙配合

11. 当孔的基本偏差为下极限偏差时，计算上极限偏差数值的计算公式为(　　)。

 A. es = ei + IT　　　　　B. EI = ES – IT

 C. EI = ES + IT　　　　　D. ES = EI + IT

12. 当轴的基本偏差为上极限偏差时，计算下极限偏差数值的计算公式为(　　)。

 A. es = ei + IT　　　　　B. EI = ES – IT

 C. ei = es + IT　　　　　D. ei = es – IT

四、简答题

1. 什么是基本偏差？基本偏差代号有哪些规定？

2. 孔和轴各有哪些基本偏差代号？它们是怎样分布的？

3. 基本偏差的数值与哪些因素有关？

4. 怎样正确使用基本偏差表和极限偏差表？

五、综合题

1. 利用标准公差数值表和基本偏差数值表，查表确定下列各尺寸公差带代号的公差值大小和基本偏差值大小，并计算另一极限偏差值的大小。

（1）$\phi 60B7$

（2）$\phi 95f6$

2. 利用极限偏差表确定下列公差带代号的极限偏差数值，并计算其公差值。

（1） $\phi30f7$

（2） $\phi20C10$

（3） $\phi70m8$

（4） $\phi100H6$

3. 已知下列各组相配合的孔和轴的公称尺寸、公差带代号。查表确定孔、轴的公差数值和基本偏差数值，计算另一极限偏差，并计算孔、轴的极限尺寸，画出尺寸公差带图，然后确定配合种类，求配合的极限盈隙和配合公差。

（1） $\phi 80 \dfrac{H7}{t6}$

（2） $\phi 60 \dfrac{Z8}{h7}$

（3）$\phi36\dfrac{H9}{h6}$

第四节　基　准　制

一、填空题（将正确答案填写在横线上）

1. 基孔制配合是指基本偏差为_____的_____，与不同基本偏差的_____公差带形成各种配合的一种制度。基孔制中选作基准的孔称为_____，代号为____，其基本偏差为_____偏差，代号为____，数值为____，其另一极限偏差为_____偏差，其值一定_____。

2. 基轴制配合是指基本偏差为_____的_____，与不同基本偏差的_____的公差带形成各种配合的一种制度。基轴制中选作基准的轴称为_____，代号为____，其基本偏差为_____偏差，代号为____，数值为____，其另一极限偏差为_____偏差，其值一定_____。

3. 基准孔的_____尺寸等于其公称尺寸，而基准轴的_____尺寸等于其公称尺寸。

4. 尺寸偏差的上或下极限偏差为零时，必须标出_____
_____。

5. 当上、下极限偏差的数值的相同时，尺寸偏差可进行简化标注，即在公称尺寸后标注____符号，其后只写一个偏差值，而且字号_____。

6. 尺寸偏差标注时，上极限偏差注在公称尺寸的_____，下极限偏差注在公称尺寸的_____，下极限偏差的数字必须与公称尺寸数字处在_____。

7. 国标规定，孔、轴公差带标注有_____、_____以及_____三种方法，同样配合代号标注也有三种方法，为_____、_____和_____。

8. 在满足生产实际需求和考虑技术发展需要的前提下，标准规定了_____、_____和_____三类公差带，选用公差带时的顺序是首先_____公差带，其次_____公差带，再_____公差带。

9. 配合的选用顺序为：先_____，再常用配合。

10. 一般公差是指在车间_____可保证的公差，它主要用于较低精度的_____尺寸和由_____来保证的尺寸。国标对一般公差规定了四个等级，即_____、_____、_____和_____。

11. 国标规定：极限与配合的标准温度为_____。

12. 国标规定公称尺寸大于 500～3150mm 的配合一般采用_____的同级配合，也就是轴的选用公差带与_____的基准孔组成配合。

二、判断题（将正确答案填写在括号内，对画✓，错画×）

（　　）1. 基孔制中选作基准的孔称为基准孔，代号为"h"。

（　　）2. 基准孔和基准轴都是以下极限偏差作为基本偏差的。

（　　）3. 基准孔的下极限尺寸等于公称尺寸，而基准轴的上极限尺寸等于公称尺寸。

（　　）4. 基孔制配合中的轴是非基准件，基轴制配合中的孔是非基准件。

（　　）5. 基准轴的下极限偏差为负值，上极限偏差为零，因而其公差带位于零线下方。

（　　）6. 上极限偏差标注在公称尺寸的右下方；下极限偏差标注在公称尺寸的右上方，下极限偏差的数字必须与公称尺寸数字处在同一底线上。

（　　）7. 选用公差带时，应按常用、优先、一般公差带的顺序选取。

（　　）8. 基轴制的常用配合是基准轴和孔的常用公差带形成的配合。孔的常用公差带有 44 种，因而基轴制的常用配合也有 44 种。

（　　）9. 一般公差是指加工精度要求不高不低，且处于中间状态的尺寸公差。

（　　）10. 国标规定极限与配合的标准温度为 20℃，因此只要使用条件偏离标准温度，就应予以修正。

三、单项选择题（每小题只有一个正确答案，请将正确答案的序号填写在括号内）

1. 基轴制配合中的轴和基孔制配合中的孔都是（　　）。

　　A. 非基准件　　　　　　　B. 基准件

　　C. 无法确定

2. 基轴制配合中的孔和基孔制配合中的轴都是（　　）。

　　A. 非基准件　　　　　　　B. 基准件

　　C. 无法确定

3. 在基孔制配合中，基准孔的公差带确定后，配合的最小间隙或最小过盈由轴的（　　）确定。

　　A. 基本偏差　　　　　　　B. 实际偏差

　　C. 公差数值　　　　　　　D. 公差等级

4. 下列轴与基准孔配合，组成间隙配合的轴可能是(　　)。

    A. 轴的上、下极限偏差均为正值

    B. 轴的上极限偏差为零，下极限偏差为负

    C. 轴的上极限偏差为正，下极限偏差为负

    D. 轴的上、下极限偏差均为负

5. 一般公差，下列说法中错误的是(　　)。

    A. 图样上未标注公差的尺寸，表示加工时没有公差要求及相关的加工技术要求

    B. 零件上的某些部位在使用功能上无特殊要求时，可给出一般公差

    C. 线性尺寸的一般公差是在车间普通工艺条件下，机床设备一般加工能力可保证的公差

    D. 一般公差主要用于较低精度的非配合尺寸

6. GB/T 1804—2000 规定了线性尺寸的一般公差的等级可分为(　　)级。

    A. 4   B. 5

    C. 3   D. 20

7. 国标规定尺寸的标准温度为(　　)。

    A. 25℃   B. 18℃

    C. 20℃   D. 25℃

8. 可以便于判定配合性质和公差等级配合代号的标注方法为(　　)。

    A. 标注极限偏差值

    B. 标注配合代号

    C. 标注配合代号或极限偏差值

9. 与 ϕ40H7/k6 配合性质相同的是(　　)。

    A. ϕ40H7/k7   B. ϕ40K7/k6

    C. ϕ40K7/h6   D. ϕ40A6/k6

10. 在基轴制配合中，基本偏差代号为：A ~ H 的孔与基准轴组成(　　)配合。

    A. 过盈配合   B. 间隙配合

    C. 过渡配合

四、简答题

1. 什么是基孔制配合和基轴制配合？它们各有什么特点？

2. 孔、轴公差带代号由什么组成的？标注尺寸公差时可采用哪几种形式？各举例说明。

3. 配合代号由什么组成的？它有几种标注形式？各举例说明。

4. 什么是一般公差？它适用范围如何？对生产有何意义？

5. 国标规定尺寸的标准温度为 20℃ 的含义是什么？

五、综合题

1. 分析图 1-2 中孔、轴配合属于哪一种基准制（基孔制或基轴制）及哪一类配合（间隙配合、过渡配合、过盈配合），并在图中标出极限盈隙（X_{max}，X_{min}，Y_{max}，Y_{min}）。

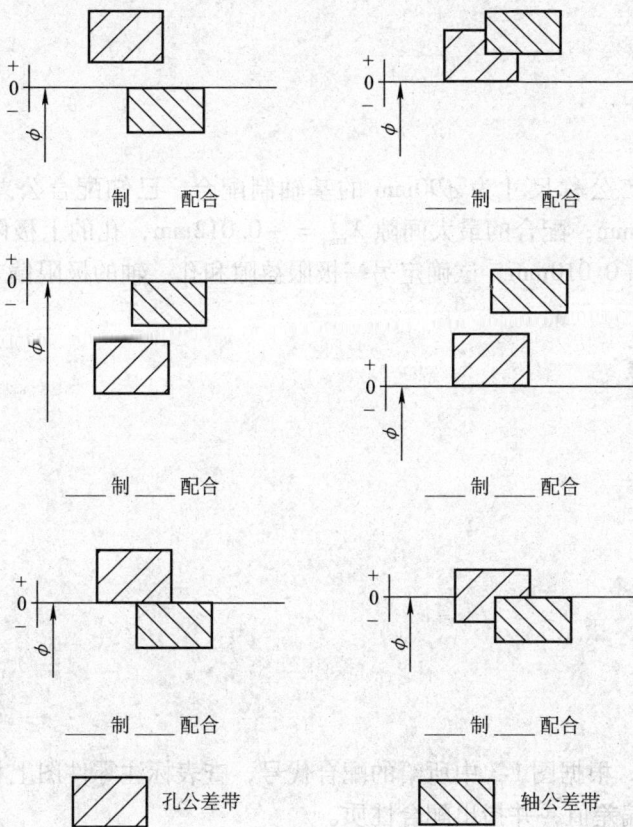

____制 ____配合   ____制 ____配合

____制 ____配合   ____制 ____配合

____制 ____配合   ____制 ____配合

孔公差带   轴公差带

图　1-2

2. 下列尺寸标注是否正确？如有错误请改正。

(1) $\phi60^{+0.050}_{+0.060}$ (2) $\phi80^{+0.020}_{0}$ (3) $\phi35^{-0.060}_{+0.030}$

(4) $\phi100^{+0.060}$ (5) $\phi20_{-0.030}$ (6) $\phi150^{+0.060}_{+0.060}$

(7) $\phi75^{+0.020}_{0}$ (8) $\phi50^{0}_{+0.02}$ (9) $\phi90^{-0.080}_{-0.050}$

3. 公称尺寸为 $\phi90$mm 的基轴制配合，已知配合公差 T_{f} = 0.030mm，配合的最大间隙 $X_{\max}$ = +0.012mm，孔的上极限偏差 ES = +0.010mm。试确定另一极限盈隙和孔、轴的极限偏差。

4. 根据图 1-3 中所给的配合代号，查表标注零件图上相应的尺寸偏差值，并指出配合性质。

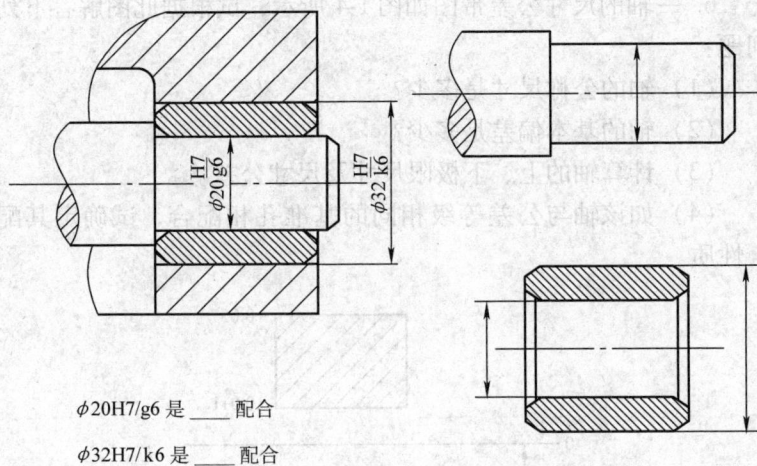

$\phi 20 H7/g6$ 是 ____ 配合

$\phi 32 H7/k6$ 是 ____ 配合

图   1-3

5. 公称尺寸为 $\phi 60 \text{mm}$ 的基孔制配合，已知其配合公差 $T_f =$ 0.040mm，轴的下偏差 $ei = -0.020 \text{mm}$，孔的上极限尺寸 $D_{max} =$ 60.015mm。问：轴的精度高还是孔的精度高？试分别写出孔、轴的公差带标注形式，并求此配合的极限盈隙。

6. 一轴的尺寸公差带图如图1-4所示，试根据此图解答下列问题：

（1）轴的公称尺寸是多少？

（2）轴的基本偏差是多少？

（3）计算轴的上、下极限尺寸及尺寸公差。

（4）如该轴与公差等级相同的基准孔相配合，试确定其配合性质。

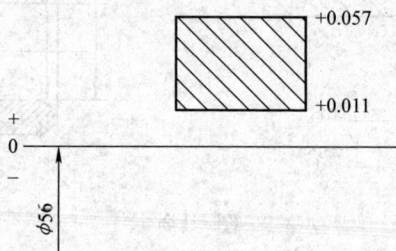

图 1-4

7. 分别作出满足下列各题要求的孔、轴的尺寸公差带图。

（1）基轴制配合，且满足 $|X_{max}| = T_f$

（2）基孔制配合，且满足 $\left| X_{\max} \right| > T_{\mathrm{f}}$

（3）基孔制配合，且满足 $\left| Y_{\max} \right| < T_{\mathrm{f}}$

第五节　公差带与配合的选用

一、填空题（将正确答案填写在横线上）

1. 对配合制的选择，在一般情况下优先采用＿＿＿＿＿＿，其次采用＿＿＿＿＿＿；如有特殊需要，允许采用＿＿＿＿＿＿。

2. 与标准件配合时，基准制的选择通常依＿＿＿＿＿确定。

3. 公差等级选择时要综合考虑零件的＿＿＿＿＿＿＿＿和＿＿＿＿＿＿＿＿＿两方面的因素。在满足使用要求的条件下，尽量选取＿＿＿＿＿的公差等级。

4. 选用配合的方法有＿＿＿＿＿＿、＿＿＿＿＿＿和＿＿＿＿＿三种。在一般的情况下采用＿＿＿＿＿＿，即与经过生产和使用验证后的某种配合进行比较，经过修正后确定其＿＿＿＿＿。

5. 选用公差等级时，一般采用＿＿＿＿＿＿＿的方法。

二、判断题（对画"√"，错画"×"，填在相应题号的前面）

（　　）1. 采用基孔制可大大减少尺寸、刀具和量具的品种规格的采用，有利于生产及储备，从而降低生产成本，提高经济效益。

（　　）2. 为满足配合的特殊需要，允许采用混合配合。

（　　）3. 公差等级选用的原则是在满足使用要求的条件下，尽量选取较高的公差等级。

（　　）4. 采用基孔制配合一定比采用基轴制配合的加工经济性好。

（　　）5. 一个非基准轴与两个孔组成不同性质的配合时，必定有一个配合为混合制配合。

三、单项选择题（将正确答案的序号填入括号内）

1. 国家标准规定优先选用基孔制配合是（　　）。

    A. 因为孔比轴难加工

    B. 因为从工艺上讲，应先加工孔，后加工轴

    C. 为了减少尺寸轴用刀、量具的规格和数量

    D. 为了减少孔和轴的公差带数量

2. 在下列情况中，不能采用基轴制配合的是（　　）。

    A. 滚动轴承外圈与壳体孔的配合

    B. 柴油机中活塞连杆组件的配合

    C. 滚动轴承内圈与转轴轴颈的配合

    D. 采用冷拔圆型材作轴

3. 下列配合中，公差等级选择不适当的是（　　）。

    A. H6/m5   B. H9/g8

    C. F6/h5   D. A8/h9

4. 如当机器上出现一个非基准孔（轴）和两个以上的孔（轴）要求组成不同性质的配合时，其中至少有一个为（　　）。

    A. 基轴制配合   B. 基孔制配合

    C. 混合制配合

5. 选择公差等级总的原则是：在使用要求的条件下，尽量选取（　　）公差等级。

    A. 较低   B. 较高

    C. 中等   D. 任意

四、简答题

1. 基准制选用的原则是什么？

2. 为什么在一般情况下优先采用基孔制？

3. 公差等级选用的原则是什么？主要的选用方法是什么？

4. 配合的选用的原则是什么？选用配合常用哪些方法？

第二章 几何公差

第一节 概 述

一、填空题（将正确答案填写在横线上）

1. 零件在加工过程中，由于_____、_____等多种因素，使零件表面、轴线、中心对称平面等的_____形状、方向和位置相对于所要求的_____形状、方向和位置，不可避免地存在着误差，这种误差叫做_____。

2. 机器的_____是由组成产品的零件的使用性能来保证的，而零件的使用性能，不但与零件的_____有关，而且受到零件_____的影响。

3. 标准规定几何公差分为_____、_____、_____和跳动公差共四类。

4. 几何公差的代号包括_____、_____、_____和基准字母。

5. 基准符号包括_____、_____和基准字母。

6. 几何公差框格内自左至右填写以下内容：第一格为_____；第二格为_____；第三格和以后各格为_____和_____。

7. 构成零件的具有几何特征的_____、_____、_____称为零件的几何要素。

8. 图样上给出_____公差要求的要素，即为图样上_____所指的要素，称为被测要素。

9. 由一个或几个组成要素得到的_____、_____、_____称为导出要素。它分为_____和拟合导出要素。

10. 与_____有关且用来确定其_____关系的一个几何理想要素，称为基准，如_____、_____平面等，可由零件上的_____或_____要素构成。

11. 零件上用来建立_____并实际起_____作用的实际要素称为基准要素，如一条边、_____或_____。由于基准要素必然存在_____，因此在必要时应对其规定适当的_____。

12. 在加工和检测过程中用来建立_____并与_____相接触，且具有足够_____的实际表面称为模拟基准要素，它是_____的实际体现。

二、判断题（将正确答案填写在括号内，对画✓，错画×）

（　　）1. 指引线原则上规定从框格一端的中间位置引出，其箭头应指向公差带的宽度或直径方向。

（　　）2. 对有位置公差要求的零件，在图样上必须标明基准。

（　　）3. 不论基准符号在图样中的方向如何，方格内的字母都一律垂直大写。

（　　）4. 面或面上的线称为组成要素。

（　　）5. 实际（组成）要素是由接近导出要素所限定的工件实际表面的组成要素部分。

（　　）6. 提取组成要素是按规定方法，由实际（组成）要素提取有限数目的线所形成的实际（组成）要素的近似替代。

（　　）7. 拟合组成要素是按规定的方法由提取组成要素形成的并具有理想位置的组成要素。

（　　）8. 由一个或几个公称组成要素导出的中心点、轴线或中心平面称为公称导出要素。

（　　）9. 由一个或几个拟合组成要素导出的点、线或面就是拟合导出要素。

（　　）10. 标准规定，在图样中几何公差采用代号标注。

当无法用代号标注时，允许在技术要求中用文字加以说明。

（　　）11. 被测要素只能是导出要素而不能是组成要素。

（　　）12. 几何公差的框格分为两格式或多格式，可水平或垂直绘制。

（　　）13. 提取导出要素是由一个或几个公称组成要素导出的中心点、轴线或中心平面。

（　　）14. 提取圆柱面的导出中心线可简称为提取中心线。

（　　）15. 公共基准是指用两个要素作为一个基准。

（　　）16. 零件上与加工或检验设备相接触的局部点、线或面，用来体现满足功能要求的基准，称为基准目标。

（　　）17. 模拟基准要素是基准的实际体现。

（　　）18. 单一基准就是用一个要素作一个基准。

（　　）19. 基准目标是用来体现满足功能要求的基准。

（　　）20. 基准要素没有任何误差。

三、单项选择题（每小题只有一个正确答案，请将正确答案的序号填写在括号内）

1. 基准符号中字母的字号应与图样中的尺寸数字（　　）。

　　A. 不同　　　　B. 相同　　　　C. 可同也可不同

2. 下列要素中，不属于组成要素的是（　　）。

　　A. 球面　　　　　　　　　　B. 圆柱面

　　C. 球心　　　　　　　　　　D. 圆锥面

3. 几何公差的基准代号中字母的书写方向为（　　）。

　　A. 与基准符号的方向一致　　B. 水平

　　C. 垂直　　　　　　　　　　D. 任意

4. 为保证零件制造的工艺性和经济性及使用性能，说法正确的是（　　）。

　　A. 不控制零件的尺寸误差

　　B. 不控制表面粗糙度

　　C. 控制零件的几何误差

5. 下列公差中不属于方向公差的是（　　）。

    A. 位置度　　　　　　　　　B. 垂直度

    C. 倾斜度　　　　　　　　　D. 线轮廓度（有基准要求）

6. 当线轮廓度、面轮廓度有基准时属于（　　）。

    A. 形状公差　　　　　　　　B. 跳动公差

    C. 位置公差　　　　　　　　D. 方向公差

7. 同心度用于（　　）。

    A. 中心线　　　　B. 中心点　　　　C. 中心面

8. 模拟基准要素是（　　）的实际体现。

    A. 基准　　　　B. 组成要素　　　　C. 导出要素

9. 标准规定方向公差共有（　　）个项目。

    A. 3　　　　　　　　　　　B. 4

    C. 5　　　　　　　　　　　D. 6

10. 由一个或几个拟合组成要素导出的中心点、轴线或中心平面称为（　　）。

    A. 公称导出要素　　　　　　B. 拟合导出要素

    C. 提取导出要素

四、简答题

1. 几何公差在机器制造中有何作用？

2. 几何公差有哪些项目？它们的符号各是什么？

3. 画出几何公差的代号和基准符号，并说明各组成部分的含义。

4. 几何要素定义间相互关系如何？

第二节　几何公差和公差带

一、填空题（将正确答案填写在横线上）

1. 由一个或几个理想的＿＿＿＿＿＿＿＿＿所限定的、由＿＿＿＿＿＿＿＿＿＿表示其大小的区域称为几何公差带，它由＿＿＿＿＿、＿＿＿＿＿、＿＿＿＿＿＿和位置四个因素组成。

2. 公差带的大小由＿＿＿＿＿表示，用以体现＿＿＿＿＿要求的高低，一般指几何公差带的＿＿＿＿＿或＿＿＿＿＿。当公差带为＿＿＿＿＿或＿＿＿＿＿时，公差值前加 φ，当公差带为球形时，公差值前加＿＿＿＿＿。

3. 当中心点、中心线、中心面在一个方向上给定公差时，位置公差的公差带的宽度方向为＿＿＿＿＿＿＿＿＿＿的方向，并按指引线箭头互成＿＿＿＿＿或　＿＿＿。

4. 当中心点、中心线、中心面在一个方向上给定公差时，当在同一基准体系中规定两个方向的公差时，它们的公差带是＿＿＿＿＿的。

5. 几何公差带的位置分为＿＿＿＿＿和＿＿＿＿＿两种。

6. 在形状公差中，属于固定位置公差带有＿＿＿＿＿、＿＿＿＿＿、＿＿＿＿＿和有＿＿＿＿＿要求的轮廓度公差，如无＿＿＿＿＿要求，其他几何公差的公差带位置都是浮动的。

7. 平行度公差带形状有＿＿＿＿＿、＿＿＿＿＿和＿＿＿＿＿，同时具有这几种公差带形状的几何公差项目有＿＿＿＿＿、＿＿＿＿＿、＿＿＿＿＿和倾斜度。

8. 位置度公差带形状有两平行直线、＿＿＿＿＿、＿＿＿＿＿、＿＿＿＿＿和　＿＿＿＿＿，适用的被测要素有直线、＿＿＿＿＿、＿＿＿＿＿和＿＿＿＿＿等。

9. 几何公差的公差值决定几何公差带的＿＿＿＿＿或＿＿＿＿＿，是控制零件＿＿＿＿＿的重要指标。在图样上对几何公差值有两种表示方法：一是在图样中注出＿＿＿＿＿＿＿，即在几何公差框格的＿＿＿＿＿＿＿注出；另一种是在图样上

_____，而用几何公差的_____来控制。

10. 几何公差注出公差值由_____并依据_____确定，因此确定几何公差值实际上就是确定_____。

11. 几何公差注出公差值规定了 12 个等级，由_____级起精度依次降低，_____级与_____级为基本级，_____和_____还增加了精度更高的 0 级。

12. 在满足_____的前提下，选择的公差值应考虑加工的_____。

13. 零件采用未注几何公差值，其精度由_____保证，一般不需要_____，只有在仲裁或为掌握_____时，才需要对批量生产的零件进行_____或_____。

14. 国标规定了直线度、平面度、垂直度、对称度和圆跳动的未注公差值及未注公差等级，未注公差等级分为____、____、_____三个，其中_____为高级，_____为中间级，_____为低级。

15. GB/T 1184 所规定的未注公差值，应在其_____附近或在_____、技术文件中注出_____及_____，如采用高公差等级时，应标注为_____。

二、**判断题**（将正确答案填写在括号内，对画√，错画×）

（　　） 1. 被测实际要素总是存在一定的形状误差。

（　　） 2. 只要零件要素合格，实际（组成）要素一定在几何公差内。

（　　） 3. 几何公差是为了限制形状误差而设置的。

（　　） 4. 只要几何误差小于或等于形状公差时，被测要素就合格。

（　　） 5. 几何公差带是用来限制零件被测要素的实际形状、方向和位置变动的范围，通常是空间的区域。

（　　） 6. 几何公差带的大小，一般指几何公差带的宽度或直径。

（　　） 7. 当公差带为圆形或圆柱形时，公差值前加 $S\phi$，当公差带为球形时，公差值前加 φ。

（　　）8. 浮动位置公差带是指几何公差带在尺寸公差带内，随实际（组成）要素的不同而变动，其实际位置与实际（组成）要素有关。

（　　）9. 当轮廓度有基准要求时，公差带位置是浮动的。

（　　）10. 圆度公差带的宽度应平行于公称轴线的平面内确定。

（　　）11. 形状公差的公差带位置是浮动的，而位置公差的公差带位置是固定的。

（　　）12. 公差带的宽度方向为被测要素的法向。

（　　）13. 几何公差注出公差值规定了 10 个等级，由 1 级起精度依次降低，6 级与 7 级为基本级。

（　　）14. 圆度和圆柱度的注出公差值的等级有 13 级。

（　　）15. 在满足零件功能要求的前提下，选择的公差值应考虑加工的可能性。

（　　）16. 标准规定，同一要素上，单项公差值大于综合公差值。

（　　）17. 平行度未注公差值等于给出的尺寸公差值，或是直线度和平面度未注公差值中的相应公差值取较大者。

（　　）18. 零件各要素的几何公差主要遵循独立原则，只有少数情况下才与尺寸有相互制约关系。

（　　）19. 几何公差注出公差值应以主参数来选择数值，必要时也应考虑其他参数，如确定同轴度公差值时，应考虑其轴线的长度。

（　　）20. 直线度公差值应大于同要素的平面度公差值。

三、单项选择题（每小题只有一个正确答案，请将正确答案的序号填写在括号内）

1. 形状公差是为了限制（　　）而设置的。

    A. 位置误差　　　　　　　B. 形状误差

    C. 方向公差　　　　　　　D. 跳动公差

2. 当中心点、中心线、中心面在一个方向上给定公差时，方向公差的公差带的宽度方向为指引线箭头方向，与基准互成（　　）。

　　A. 0°或180°　　　　　　　　B. 60°或90°

　　C. 90°或180°　　　　　　　 D. 0°或90°

3. 公差带的形状主要的有（　　）种形式。

　　A. 9　　　　　　　　　　　　B. 8

　　C. 3　　　　　　　　　　　　D. 2

4. 浮动位置公差带的实际位置与实际（组成）要素（　　）。

　　A. 无关　　　　B. 有关　　　　C. 无法确定

5. 下列在几何公差中，属于固定位置公差带有（　　）。

　　A. 平行度　　　　　　　　　　B. 垂直度

　　C. 对称度　　　　　　　　　　D. 直线度

6. 下列在几何公差中，属于浮动位置公差带有（　　）。

　　A. 同轴度　　　　　　　　　　B. 直线度

　　C. 对称度　　　　　　　　　　D. 位置度

7. 当被测要素为球面时，公差带的形状为（　　）。

　　A. 一个圆　　　　　　　　　　B. 一个球

　　C. 两同心圆　　　　　　　　　D. 一个圆柱面

8. 当公差带的形状为两平行直线时，适用的公差特征项目可为（　　）。

　　A. 同轴度　　　　　　　　　　B. 平面度

　　C. 圆柱度　　　　　　　　　　D. 位置度

9. 圆度和圆柱度的注出公差值的等级有（　　）级。

　　A. 12　　　　　　　　　　　　B. 10

　　C. 13　　　　　　　　　　　　D. 8

10. 几何公差注出公差值的选择首先应考虑（　　）。

　　A. 加工的可能性　　　　　　　B. 满足零件功能要求

　　C. 加工的经济性　　　　　　　D. 加工的工艺性

11. 在同一张图样中，其未注公差值应采用（　　）等级。

    A. 相同　　　　B. 不同　　　　C. 可相同也可不同

12. 几何公差注出公差值的同一要素上，单项公差值（　　）综合公差值。

    A. 大于　　　　　　　　　　B. 小于

    C. 等于　　　　　　　　　　D. 不小于

13. 未注出几何公差等级分（　　）级。

    A. 3　　　　　　　　　　　B. 8

    C. 12　　　　　　　　　　　D. 20

14. 标准规定，圆度未注公差值等于标注的直径公差值，但（　　）径向圆跳动未注公差值。

    A. 大于　　　　　　　　　　B. 小于

    C. 等于　　　　　　　　　　D. 不大于

15. 几何公差中未注公差值不作规定的有（　　）

    A. 圆度　　　　　　　　　　B. 平行度

    C. 圆柱度　　　　　　　　　D. 平面度

16. 考虑到加工的难易程度和除主参数外其他参数的影响，线对线和线对面相对于面对面的平行度可适当降低成本（　　）级选用。

    A. 1~2　　　　　　　　　　B. 1~3

    C. 2~3　　　　　　　　　　D. 1

17. 圆度公差带的宽度应（　　）于公称轴线的平面内确定。

    A. 垂直　　　　B. 平行　　　　C. 倾斜

18. 当公差带为圆形或圆柱形时，公差值前加（　　）。

    A. Sϕ　　　　B. ϕ　　　　C. –

四、简答题

1. 什么是几何公差带？它由哪儿部分组成？几何公差带和尺寸公差带有哪些主要区别？

2. 几何公差带的形状有哪些？

3. 几何公差带的位置有哪两种？各是如何定义的？它们各自应用在哪些几何公差项目中？

4. 几何公差注出公差值的选择原则是什么？

5. 未注几何公差值如何标注?

第三节　几何公差的标注

一、填空题（将正确答案填写在横线上）

1. 几何公差标注的内容包括用框格标注_____、_____、_____与要素的_____或对应方式及按设计要求给出的一些_____（尺寸与形位的关系）的符号等。

2. 当被测要素或基准要素为轮廓线时，将指引线的_____或基准符号的_____置于要素的_____或轮廓线的_____上，并与尺寸线明显地_____。

3. 当被测要素或基准要素的投影为面时，指引线的箭头或基准三角形可置于该轮廓面引出线的_____上。

4. 当被测要素或基准要素为中心线、中心平面或中心点时，则指引线的箭头或基准三角形与确定_____的轮廓的尺寸线

_____。

5. 仅对要素的某一部分给定几何公差要求，或以要素的某一部分作基准时，则应用_____表示其范围，并加注_____。

6. 当给出一个或一组要素的位置、方向或轮廓度公差时，分别用来确定其理论正确_____、_____或_____的尺寸，称为理论正确尺寸，代号为_____。

7. 对同一要素的公差值在整个被测要素内的任一部分有进一步的限制时，将限制的_____和限制长度用_____隔开。

8. 若干个分离要素给出单一公差带时，可在公差带框格内公差值的后面加注公共公差带的符号_____。

9. 如果轮廓度特征适用于横截面的整周轮廓或由该轮廓所示的整周表面时，应采用_____符号，即在公差框格的指引线上画上_____。

10. 通常，以螺纹轴线作为被测要素或基准要素均为_____轴线时，默认为螺纹中径圆柱的轴线，否则应另有说明，用_____表示大径，用_____表示小径。

11. 最大实体要求用规范的附加符号_____表示。该附加符号可根据需要单独或者同时标注在相应_____和（或）_____的后面。

12. 最小实体要求用规范的附加符号_____表示。该附加符号可根据需要单独或者_____标注在相应公差值和（或）基准字母的_____。

13. 如果功能需要，可以规定一种或多种几何特征的公差来限定要素的_____。限定要素某种类型几何误差的几何公差，亦能限制该要素其他类型的_____。

14. 当某项公差应用于几个相同要素时，应在公差框格的_____被测要素的尺寸之前注明要素的_____，并在两者之间加上符号_____。

15. 要素的位置公差可同时控制该要素的 _____、_____ 和形状误差。

二、判断题（将正确答案填写在括号内，对画√，错画×）

（　　）1. 如果需要限制被测要素在公差带内的形状，则在公差框格的上方注明。

（　　）2. 当被测要素是线不是面时，应在公差框格附近注明。

（　　）3. 用同一公差带控制几个被测要素时，可在公差框格上注明"共线"或"共面"。

（　　）4. 如果轮廓度特征适用于横截面的整周轮廓或由该轮廓所示的整周表面时，应在公差框格的指引线上画上一个圆圈。

（　　）5. 通常，以螺纹轴线作为被测要素或基准要素均为大径轴线时，默认为螺纹大径圆柱的轴线，否则应另有说明。

（　　）6. 理论正确尺寸（TED）没有公差，并标注在一个方框中。

（　　）7. 当被测要素或基准要素为中心线、中心平面或中心点时，则指引线的箭头或基准三角形与确定导出要素的轮廓的尺寸线错开。

（　　）8. 如只以要素的某一局部作被测要素或基准，则应用粗点画线示出该部分并加注尺寸。

（　　）9. 延伸公差带用规范的附加符号Ⓟ表示。

（　　）10. 要素的方向公差可同时控制该要素的位置误差、方向误差和形状误差。

三、单项选择题（每小题只有一个正确答案，请将正确答案的序号填写在括号内）

1. 如果需要限制被测要素在公差带内的形状，则在公差框格的（　　）注明。

A. 下方　　　　　　　　B. 上方

C. 左边　　　　　　　　D. 右边

2. 以螺纹轴线作为被测要素或基准要素时，小径轴线用（　　）表示。

 A. MD   B. PD

 C. PE   D. LD

3. 当被测要素是（　　）时，应在公差框格附近注明。

 A. 面   B. 线

 C. 点   D. 线和面

4. 以螺纹轴线作为被测要素或基准要素时，（　　）轴线用"MD"表示。

 A. 大径   B. 小径

 C. 节径   D. 中径

5. 如只以要素的某一局部作被测要素或基准时，则应用（　　）表示其范围并加注尺寸。

 A. 细点画线   B. 粗点画线

 C. 粗实线   D. 细实线

6. TED 也用以确定基准体系中各基准之间的（　　）关系。

 A. 形状和（或）位置 B. 方向和（或）形状

 C. 方向和（或）位置

7. 要素的形状公差只能控制该要素的（　　）误差。

 A. 位置   B. 方向

 C. 跳动   D. 形状

8. 如果需要就某个要素给出几种几何特征的公差，可将一个公差框格放在另一个的（　　）。

 A. 下方   B. 上方

 C. 左边   D. 右边

9. 若干个分离要素具有相同几何特征和公差值的可以用（　　）公差框格标注。

 A. 二个   B. 一个

 C. 三个   D. 四个

10. 最大实体要求用规范的附加符号Ⓜ表示。该附加符号可根据需要单独或者同时标注在相应公差值和（或）基准字母的（　　）。

　　A. 后面　　　　　　　　B. 前面
　　C. 左面　　　　　　　　D. 右面

四、简答题

1. 几何公差的标注符号有哪些？

2. 各类几何公差之间的关系如何？

3. 几何公差标注有哪些基本规定？

4. 几何公差标注有哪些特殊规定？

五、综合题

1. 将文字说明的几何公差标注在图 2-1 上。

（1）孔 φ 的圆柱度公差为 0.005mm；

（2）零件底面的平面度公差为 0.02mm；

（3）孔 φ 轴线对零件底面（基准 A）的平行度公差为 0.03mm。

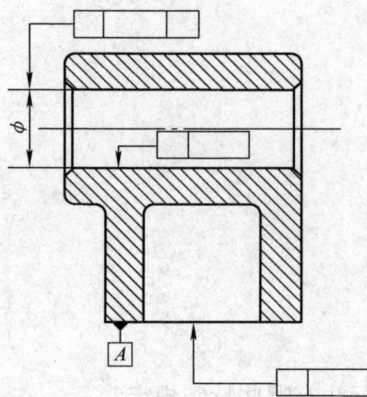

图 2-1

2. 将下列几何公差要求用几何公差代号标注在如图 2-2 所示的零件图上。

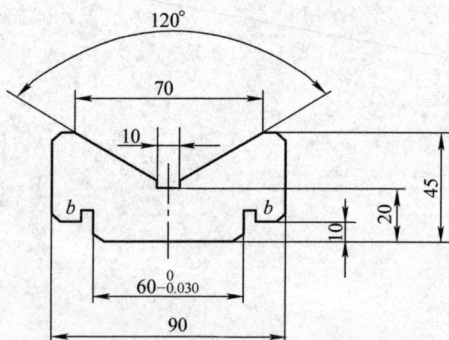

图 2-2

（1）对称度公差：120°V 形槽的提取（实际）中心面必须位于距离为公差值 0.040mm，且相对距离为 $60_{-0.030}^{0}$ mm 的两平面的中心平面对称配置的两平行平面之间。

（2）平面度公差：两处提取（实际）表面 b 必须位于距离

为公差值 0.010mm 的两平行平面之间。

3. 将下列各项几何公差要求标注在如图 2-3 所示的图样上。

（1）φ100h8 的提取（实际）圆柱面对似 φ40H7 孔轴线的圆跳动公差为 0.018mm。

（2）左、右两凸台提取（实际）端面对似 φ40H7 孔轴线的圆跳动公差为 0.012mm。

（3）轮毂键槽的提取（实际）中心面对过 φ40H7 孔轴线的中心平面的对称度公差为 0.02mm。

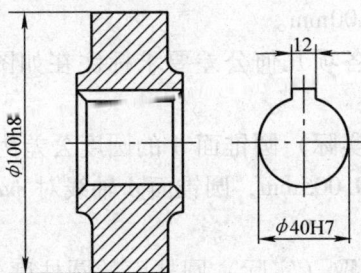

图 2-3

4. 将下列各项几何公差要求标注在如图 2-4 所示的图样上。

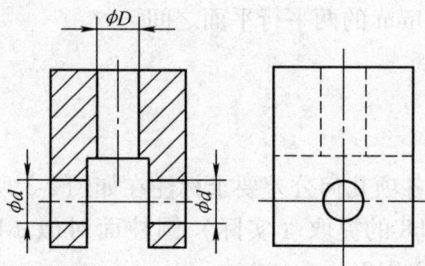

图 2-4

（1）2×ϕd 的提取（实际）中心线对其公共轴线的同轴度公差均为 0.02mm。

（2）ϕD 提取（实际）中心线对 2×ϕd 公共轴线的垂直度公差为 0.01mm/100mm。

5. 试将下列各项几何公差要求标注在如图 2-5 所示的图样上。

（1）提取（实际）圆锥面 A 的圆度公差为 0.006mm，素线的直线度公差为 0.005mm，圆锥面 A 轴线对 ϕd 轴线的同轴度公差为 ϕ0.015mm。

（2）ϕd 的提取（实际）圆柱面的圆柱度公差为 0.009mm，ϕd 轴线的直线度公差为 ϕ0.012mm。

（3）右端提取（实际）表面 B 对 ϕd 轴线的圆跳动公差为 0.01mm。

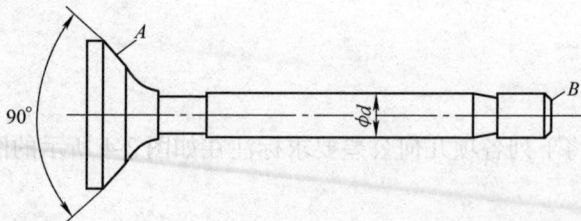

图 2-5

6. 将下列各项几何公差要求标注在如图 2-6 所示的图样上。

（1）左端提取（实际）表面的平面度公差为 0.01mm。

（2）右端提取（实际）表面对左端面的平行度公差为 0.01mm。

（3）ϕ70mm 孔的提取（实际）中心线对左端面的垂直度公差为 ϕ0.02mm。

（4）ϕ210mm 外圆的提取（实际）中心线对 ϕ70mm 孔的轴线的同轴度公差为 ϕ0.03mm。

（5）4 × ϕ20H8 孔的提取（实际）中心线对左端面（第一基准）及 ϕ70mm 孔的轴线（第二基准）的位置度公差为 ϕ0.15mm。

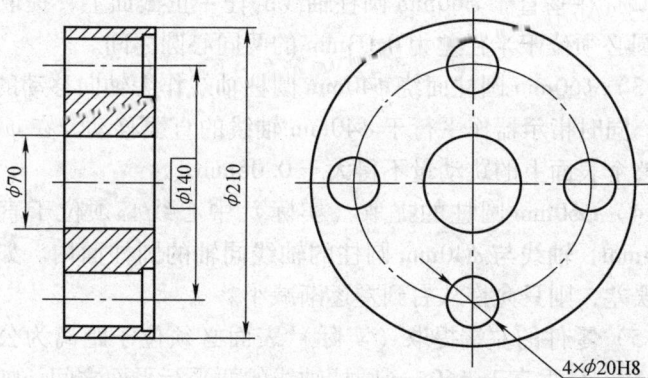

图 2-6

7. 根据下列几何公差要求，在如图 2-7 的几何公差框格中填上合适的公差项目符号、数值及表示基准的字母。

（1）键槽 10mm 两工作平面的提取（实际）中心面必须位于距离为 0.05mm，且相对通过 ϕ40mm 轴线的中心平面对称配置的两平行平面之间。

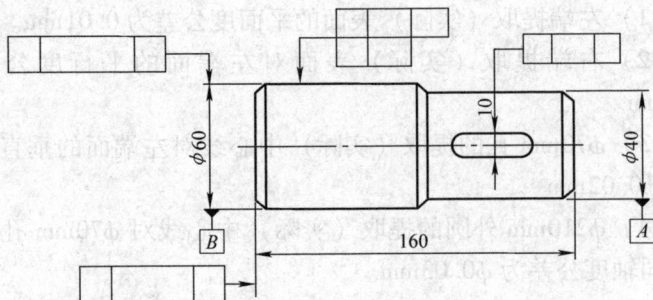

图 2-7

（2）在垂直于 $\phi60mm$ 圆柱轴线的任一正截面上，提取（实际）圆必须位于半径差为 0.03mm 的两同心圆之间。

（3）$\phi60mm$ 圆柱面绕 $\phi40mm$ 圆柱轴线作无轴向移动的连续回转，同时指示器作平行于 $\phi40mm$ 轴线的直线移动。在 $\phi60mm$ 圆柱整个表面上的跳动量不得大于 0.06mm。

（4）$\phi60mm$ 圆柱的提取（实际）中心线必须位于直径为 $\phi0.05mm$、轴线与 $\phi40mm$ 圆柱的轴线同轴的圆柱面内。如有同轴度误差，则只允许从右到左逐渐减小。

（5）零件的左端提取（实际）表面必须位于距离为公差值 0.05mm，且垂直于 $\phi60mm$ 圆柱轴线的两平行平面之间。如有垂直度误差，则只允许中间向材料内凹下。

8. 试分别指出如图 2-8 所示的三个图样上的标注的错误（在错的地方打上"×"），并在下边的图样中进行正确标注（不得改变公差项目及被测要素）。

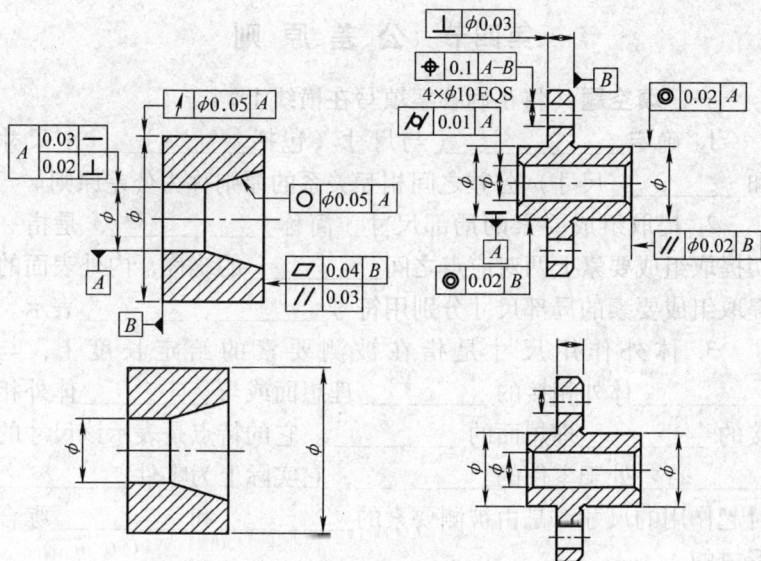

a)   b)

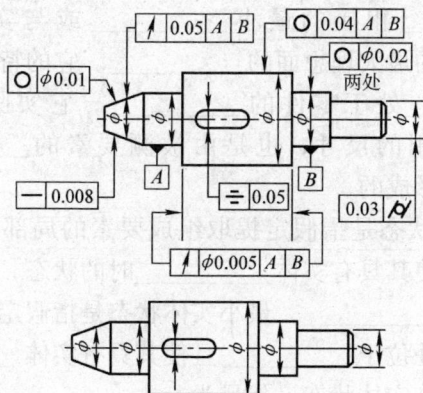

c)

图   2-8

第四节　公　差　原　则

一、填空题（将正确答案填写在横线上）

1. 确定＿＿＿＿＿＿＿＿与尺寸（包括＿＿＿＿＿＿＿尺寸和＿＿＿＿＿＿尺寸）公差之间相互关系的原则称为公差原则。

2. 提取组成要素的局部尺寸，简称＿＿＿＿＿＿，是指一切提取组成要素上两对应点之间＿＿＿＿＿＿的统称，内外表面的提取组成要素的局部尺寸分别用符号＿＿＿＿、＿＿＿＿＿＿表示。

3. 体外作用尺寸是指在被测要素的给定长度上，与＿＿＿＿＿＿体外相接的＿＿＿＿＿＿理想面或与＿＿＿＿＿＿体外相接的＿＿＿＿＿＿理想面的＿＿＿＿＿＿。它的特点是表示该尺寸的＿＿＿＿＿＿处于零件的＿＿＿＿＿＿，它实际上为零件＿＿＿＿＿＿时起作用的尺寸，是由被测要素的＿＿＿＿＿＿和＿＿＿＿＿＿综合形成的。

4. 体内作用尺寸是指在被测要素的＿＿＿＿＿＿上，与实际内表面＿＿＿＿＿＿相接的最小＿＿＿＿＿＿或与实际外表面＿＿＿＿＿＿相接的最大理想面的＿＿＿＿＿＿。它的特点是表示该尺寸的＿＿＿＿＿＿处于零件的＿＿＿＿＿＿，它实际上为零件＿＿＿＿＿＿起作用的尺寸，也是由被测要素的＿＿＿＿＿＿和＿＿＿＿＿＿综合形成的。

5. 最大实体状态是指假定提取组成要素的局部尺寸处处位于＿＿＿＿＿＿且使其具有实体＿＿＿＿＿＿时的状态，称为最大实体状态，代号为＿＿＿＿＿＿。最小实体状态是指假定提取组成要素的局部尺寸处处位于＿＿＿＿＿＿且使其具有实体＿＿＿＿＿＿时的状态，称为最小实体状态，代号为＿＿＿＿＿＿。

6. 确定要素＿＿＿＿＿＿的尺寸称为最大实体尺寸，即外尺寸要素的＿＿＿＿＿＿，内尺寸要素的＿＿＿＿＿＿，代号为＿＿＿＿＿＿；确定要素＿＿＿＿＿＿的尺寸称为最小实体尺寸，即外尺寸要素的＿＿＿＿＿＿，内尺寸要素的＿＿＿＿＿＿，代号为＿＿＿＿＿＿。

7. 最大实体边界是指最大实体状态的理想_____的极限包容面,称为最大实体边界,代号为_____,最小实体边界是指最大实体状态的理想_____的极限包容面,称为最大实体边界,代号为_____。

8. 最大实体实效尺寸是指尺寸要素的_____与其导出要素的_____共同作用产生的尺寸,称为最大实体实效尺寸,代号为_____。_____为其最大实体实效尺寸时的状态,称为最大实体实效状态,代号为_____。最大实体实效状态对应的_____称为最大实体实效边界,代号为_____。

9. 最小实体实效尺寸是指尺寸要素的最小实体尺寸与其_____的几何公差(形状、方向或位置)共同作用产生的_____,称为最小实体实效尺寸,代号为_____。拟合要素的尺寸为其_____时的状态,称为最小实体实效状态,代号为_____。最小实体实效状态对应的_____称为最小实体实效边界,代号为_____。

10. 当几何公差是方向公差时,最大实体实效状态和最大实体实效边界受其_____所约束;当几何公差是位置公差时,最大实体实效状态和最大实体实效边界受其_____所约束。

11. 两平行对应提取表面上两对应点之间的_____称为两平行提取表面的局部尺寸。所有对应点的连线均_____于拟合中心平面,拟合中心平面是由两平行提取表面得到的两拟合_____的中心平面。

12. 当几何公差是方向公差时,最小实体实效状态和_____受其方向所约束;当几何公差是位置公差时,_____和最小实体实效边界受其位置所约束。

13. 国标规定,公差原则包括_____和相关要求,相关要求又包括_____、_____、_____及其可逆要求。

14. 独立原则是指图样上给定的_____和_____

均是独立的，应分别_____的公差原则，凡是图样上给出的尺寸公差和几何公差未用_____或_____说明它们有联系的，均视为遵循独立原则。

15. 相关要求是图样上给定的_____与尺寸公差_____的公差要求。

16. 包容要求是指_____的非理想要素不得违反其_____的一种尺寸要素要求，它表示提取组成要素不得超越其_____，其提取组成要素的局部尺寸不得超出_____。

17. 最大实体要求是指尺寸要素的_____不得_____其最大实体实效状态的一种尺寸要素要求，即尺寸要素的_____不得_____其最大实体实效状态的一种尺寸要素要求。

18. 当最大实体要求应用于注有公差的要素，应在导出要素的_____后标注_____；当用于基准要素时，应在_____内的基准字母后标注_____。

19. 最大实体要求只适用于尺寸要素的_____和导出要素_____的综合要求。

20. 采用包容要求的尺寸要素应在其尺寸的_____或_____之后加注_____。

二、判断题（将正确答案填写在括号内，对画√，错画×）

（　　）1. 要素上两对应点之间的连线通过拟合圆柱面的轴线，横截面垂直于提取表面得到的拟合圆柱面的轴线，称为提取圆柱面的局部直径。

（　　）2. 体外、内作用尺寸是由被测要素的实际（组成）要素和形状（或方向或位置）误差综合形成的。

（　　）3. 若零件没有形状误差，则其体外作用尺寸大于实际（组成）要素。

（　　）4. 同一要素测得的提取组成要素的局部尺寸都不一定相同。

（　　）5. 遵循独立原则时，尺寸公差不仅控制提取组成要素的局部尺寸，而且控制其几何误差。

（　　）6. 独立原则一般用于配合零件，或对几何误差要求严格而对尺寸误差要求相对较低的场合。

（　　）7. 国标规定，公差原则包括独立原则和相关要求，独立原则又包括包容要求、最大实体要求、最小实体要求及其可逆要求。

（　　）8. 最大实体状态是指假定提取组成要素的局部尺寸处处位于极限尺寸且使其具有实体最小时的状态。

（　　）9. 当几何公差是位置公差时，最大实体实效状态和最大实体实效边界受其位置所约束。

（　　）10. 最大实体尺寸对于外尺寸要素为下极限尺寸，内尺寸要素为上极限尺寸。

（　　）11. 遵循独立原则时，尺寸公差仅控制要素的提取组成要素的局部尺寸，不控制其几何误差。

（　　）12. 包容要求的适用范围：适用于处理圆柱表面或两平行对应面。

（　　）13. 图样上给定的几何公差与尺寸公差相互有关的公差要求称为相关要求。

（　　）14. 遵循包容要求时，提取组成要素不得超越其最小实体边界。

（　　）15. 相关要求包括包容要求、最大实体要求（包括可逆要求应用于最大实体要求）、最小实体要求（包括可逆要求应用于最小实体要求）。

（　　）16. 采用包容要求的尺寸要素应在其尺寸的极限偏差或公差带代号之后加注符号Ⓔ。

（　　）17. 当最大实体要求应用于注有公差的要素，应在组成要素的几何公差值后标注符号Ⓜ。

（　　）18. 最大实体要求用于注有公差的要素的提取局部尺寸时，对于内尺寸要素，则等于或小于最大实体尺寸。

（　　）19. 遵循包容要求时，尺寸公差不仅限制了要素的实际（组成）要素，还控制了要素的形状误差。

（　　）20. 相关要求是尺寸公差和几何公差相互关系遵循的基本原则。

三、单项选择题（每小题只有一个正确答案，请将正确答案的序号填写在括号内）

1. 拟合中心平面是由两平行提取表面得到的两拟合（　　）平面的中心平面。

    A. 垂直　　　　　　　B. 平行　　　　　　　C. 倾斜

2. 若零件没有形状误差，则其体外作用尺寸（　　）实际（组成）要素。

    A. 大于　　　　　　　　　　　B. 小于

    C. 等于　　　　　　　　　　　D. 等于或小于

3. 体外作用尺寸是指在（　　）的给定长度上，与实际内表面体外相接的最大理想面或实际外表面体外相接的最小理想面的直径或宽度。

    A. 组成要素　　　　　　　　　B. 导出要素

    C. 被测要素　　　　　　　　　D. 基准要素

4. 最大实体状态是指假定（　　）的局部尺寸处处位于极限尺寸且使其具有实体最大时的状态。

    A. 实际（组成）要素　　　　　B. 提取组成要素

    C. 导出要素　　　　　　　　　D. 基准要素

5. 最小实体尺寸是指确定要素（　　）的尺寸。

    A. 最小实体状态　　　　　　　B. 最小实体实效状态

    C. 最大实体实效状态　　　　　D. 最大实体状态

6. 对于内尺寸要素的最大实体尺寸为（　　）。

    A. 作用尺寸　　　　　　　　　B. 下极限尺寸

    C. 上极限尺寸　　　　　　　　D. 实际（组成）要素

7. 最大实体实效尺寸是指尺寸要素的最大实体尺寸与其（　　）的几何公差（形状、方向或位置）共同作用产生的尺寸。

A. 拟合要素 　　　　　B. 组成要素

C. 导出要素 　　　　　D. 被测要素

8. 对于内尺寸要素，最大实体实效尺寸等于（　　　）。

A. LMS – 几何公差 　　B. LMS + 几何公差

C. MMS + 几何公差 　　D. MMS – 几何公差

9. 最小实体实效尺寸是指拟合要素的尺寸为其（　　　）时的状态。

A. 体外作用尺寸 　　　B. 提取组成要素的局部尺寸

C. 最小实体实效尺寸 　D. 体内作用尺寸

10. 采用包容要求的尺寸要素应在其尺寸的极限偏差或公差带代号之后加注符号（　　　）。

A. Ⓔ 　　　　　　　　B. Ⓜ

C. Ⓘ 　　　　　　　　D. Ⓟ

11. 遵循独立原则的尺寸公差仅控制要素的（　　　），不控制其几何误差。

A. 作用尺寸 　　　　　B. 提取组成要素的局部尺寸

C. 实体实效尺寸 　　　D. 实体尺寸

12. 遵循独立原则时给出的几何公差为定值，不随（　　　）的变化而变化。

A. 作用尺寸 　　　　　B. 提取组成要素的局部尺寸

C. 实体实效尺寸 　　　D. 实体尺寸

13. 对于外尺寸要素，最小实体实效尺寸等于（　　　）减去几何公差值 t。

A. 最大实体尺寸 　　　B. 最小实体尺寸

C. 体内作用尺寸 　　　D. 体外作用尺寸

14. 最大实体要求只适用于尺寸要素的尺寸和（　　　）几何公差的综合要求。

A. 拟合要素 　　　　　B. 组成要素

C. 导出要素 　　　　　D. 被测要素

15. 遵循包容要求时，其提取组成要素的局部尺寸（　　　）

最小实体尺寸。

    A. 小于或等于　　　　　　B. 等于

    C. 大于　　　　　　　　　D. 大于或等于

16. 最大实体要求应用于注有基准要素时，当基准要素的导出要素注有几何公差但其后没有符号Ⓜ时，基准要素的最大实体实效尺寸为（　　　）。

    A. 最大实体尺寸　　　　　B. 最小实体尺寸

    C. 体内作用尺寸　　　　　D. 体外作用尺寸

17. 最大实体要求用于注有公差的要素时，提取要素不得违反最大实体实效状态或者其（　　　）。

    A. 最小实体实效边界　　　B. 最大实体实效边界

    C. 最小实体边界　　　　　D. 最大实体边界

18. 最大实体要求用于注有公差的要素时，当几何公差为（　　　）公差时，标注 0 Ⓜ 与 Ⓔ 意义相同。

    A. 位置　　　　　　　　　B. 方向

    C. 跳动　　　　　　　　　D. 形状

19. 关于独立原则，下列说法中错误的是（　　　）。

    A. 采用独立原则时，给出的几何公差为定值，不随提取组成要素的局部尺寸的变化而变化

    B. 采用独立原则时，尺寸公差不仅控制提取组成局部尺寸，而且控制其几何误差

    C. 独立原则一般用于非配合零件，或对几何误差要求严格而对尺寸误差要求相对较低的场合

    D. 独立原则是尺寸公差和几何公差相互关系遵循的基本原则

20. 最大实体要求应用于注有基准要素时，基准要素的提取要素不得违反（　　　）或者其最大实体实效边界。

    A. 最小实体状态　　　　　B. 最大实体状态

    C. 最小实体实效状态　　　D. 最大实体实效状态

四、简答题

1. 试区别下列几组名词术语。

（1）体外作用尺寸和体内作用尺寸

（2）最大实体状态和最小实体状态

（3）最大实体实效状态和最小实体实效状态

（4）最大实体尺寸和最小实体尺寸

（5）最大实体实效尺寸和最小实体实效尺寸

2. 什么是公差原则？国标规定它包括哪两种公差原则？它对生产有何重要意义？

3. 什么是独立原则？它应用范围如何？

4. 什么是包容原则？它的应用范围如何？

5. 什么是最大实体要求？它的应用范围如何？

五、综合题

1. 现有一孔，其尺寸公差和几何公差标注如图2-9所示。试按题意要求填空。

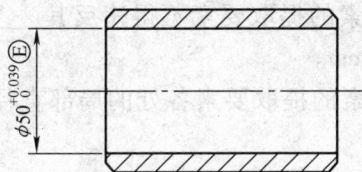

图 2-9

（1）被测要素采用的公差原则（或要求）是＿＿＿＿＿＿＿＿＿＿。

（2）被测要素所遵守的边界为＿＿＿＿＿＿＿＿边界，其边界尺寸的数值为＿＿＿＿mm。

（3）提取圆柱面的局部尺寸不得小于＿＿＿＿mm。

2. 某零件尺寸公差和几何公差标注如图2-10所示，试根据题意填空。

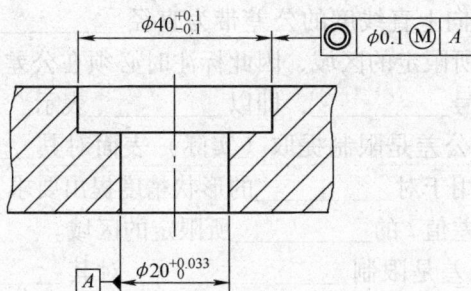

图 2-10

（1）被测要素采用的公差原则（或要求）是＿＿＿＿＿＿＿＿＿＿。

（2）孔的提取要素不得违反其＿＿＿＿＿＿＿＿，其直径为

_____ mm。

（3）孔的提取要素各处的局部直径应小于_____ mm 且应大于_____ mm。

（4）基准要素的提取要素不得违反其_____，其直径为_____ mm。

（5）基准要素的提取要素各处的局部直径应小于_____ mm。

第五节　几何公差的定义和解释

一、填空题（将正确答案填写在横线上）

1. 形状公差带的大小、形状、方向和位置四个要素均由_____和_____决定。

2. 直线度公差是限制_____对理想直线的_____。被测实际直线主要有_____、_____、_____、_____和轴线等。

3. 任意方向上直线度的公差带为直径_____公差值 ϕt 的_____所限定的区域，因此标注时必须在公差值 t 前加注表示直径的符号_____，即以_____表示。

4. 平面度公差是限制提取（实际）表面对其_____的_____，用于对_____的形状精度提出要求，其公差带为间距等于公差值 t 的_____所限定的区域。

5. 圆度公差是限制_____对其_____变动全量，用于对回转面在_____上的_____提出形状精度要求。公差带为在给定横截面内、半径差等于公差值 t 的_____所限定的区域。

6. 圆柱度公差是限制_____对其_____的变动全量，用于对_____所有正截面和纵截面上的轮廓提出_____形状精度要求。其公差带是指半径差等于公

值 t 的_____所限定的区域。

7. 线轮廓度公差和_____，它们可以无基准要求也可以有基准要求，前者属于_____，后者属于_____。

8. 无基准的线轮廓度公差带为_____等于公差值 t、_____位于具有理论正确几何形状上的_____的两包络线所限定的区域，即公差带是_____之间的区域；有基准的线轮廓度公差带为直径等于公差值 t、_____位于由_____和基准平面 B 确定的被测要素_____上的一系列圆的两包络线所限定的区域，即公差带是_____之间的区域。

9. 无基准的面轮廓度公差带为直径等于公差值 t、_____位于被测要素理论正确几何形状上的_____的两包络面所限定的区域，即公差带为_____之间的区域；有基准的面轮廓度公差带为直径等于公差值 t、球心位于由_____和_____确定的被测要素_____上的一系列圆球的两包络面所限定的区域，即公差带为_____之间的区域。

10. 平行度公差是限制_____对基准在_____方向上的变动全量。

11. 线对基准体系的平行度公差，有以下四种情况：_____、_____、_____和提取（实际）要素平行于基准平面且处于平行于另一基准平面内。

12. 面对基准线平行度公差带为间距等于_____、平行于_____的两_____之间的区域。

13. 面对基准面平行度公差带为间距等于_____、_____于基准平面的_____之间的区域。

14. 垂直度公差是限制_____对基准在_____方向上的变动全量。

15. 线对基准线的垂直度公差公差带为间距等于公差值 t、_____于基准线的_____所限定的区域。

16. 线对基准体系的垂直度公差可分为：_____和给定互相垂直的两个方向上，线对面垂直度公差两种情况。

17. 面对基准线垂直度公差带为_____等于公差值 t 且_____于基准轴线的_____所限定的区域。

18. 面对基准平面垂直度公差带为间距等于_____、垂直于_____的两平行平面所限定的_____。

19. 倾斜度公差是限制_____对_____在倾斜方向上的_____。

20. 线对基准线倾斜度公差可分_____和被测线和基准线不在同一平面内两种情况。

21. 线对基准面倾斜度公差，当基准要素为一个平面时线对面倾斜度公差带为间距等于_____的_____所限定的区域，该两平行平面按_____倾斜于_____。

22. 面对线的倾斜度公差带为间距_____公差值 t 的_____所限定的区域，该两平行平面按给定角度倾斜于_____。

23. 位置公差带不但具有确定的_____，而且还具有确定的_____，其相对于基准的尺寸为_____。

24. 圆跳动公差按其被测要素的几何特征和测量方向，又可分为_____、_____、和给定方向的斜向圆跳动公差四种。

25. 点的位置度公差带为直径等于公差值 $S\phi t$ 的_____所限定的区域。该_____中心的_____由基准 A、B、C 和_____确定，此时公差值前加上_____。

26. 轮廓平面或中心平面的位置度公差带为间距等于公差值 t 且_____于被测面_____的两平行平面所限定的区域。面的理论正确位置由_____、_____和_____确定。

27. 点的同心度公差带为_____等于公差值 ϕt _____所限定的区域，该_____的圆心与_____重合，此时被测要素和基准要素均为平面上的_____，公差值前标注符号_____。

28. 轴线的同轴度公差带为直径等于公差值 ϕt 的 _____ 所限定的区域，该 _____ 的轴线与基准轴线 _____。

29. 圆跳动公差是被测要素在某一固定 _____ 绕 _____ 旋转一周（零件和测量仪器间无轴向位移）时，指示器示值所允许的 _____，它适用于被测要素 _____ 的测量位置。

30. 全跳动公差是被测要素绕 _____ 作若干次旋转，测量仪器与工件间同时作 _____ 或 _____ 的相对移动时，指示器示值所 _____ 的最大变动量。它按其被测要素的几何特征和测量方向的不同又可分为 _____ 和轴向全跳动公差两种。

二、判断题（将正确答案填写在括号内，对画√，错画×）

（　　）1. 任意方向上直线度公差、线对线平行度公差和线对面垂直度公差标注时必须在公差值 t 前加注表示直径的符号"ϕ"，即以"ϕt"表示。

（　　）2. 圆柱度公差用于对回转面在任意横截面上的圆轮廓提出形状精度要求。

（　　）3. 圆度和圆柱度公差的被测要素都可以是圆柱面或圆锥面。

（　　）4. 圆柱度公差可以同时控制圆度、素线和轴线的直线度，以及两条素线的平行度等。

（　　）5. 平行度公差是限制被测实际要素对基准在垂直方向上的变动全量。

（　　）6. 面轮廓度公差带比线轮廓度公差带复杂，因而线轮廓度属形状公差，而面轮廓度属位置公差。

（　　）7. 提取（实际）要素平行于两基准时，线对基准体系的平行度公差带为间距等于公差值 t、平行于两基准的两平行平面所限定的区域。

（　　） 8. 若公差数值前加注了"ϕ"，线对基准线的平行度公差带为平行于基准轴线、直径等于公差值 ϕt 且的圆所限定的区域。

（　　） 9. 垂直度公差是限制提取（实际）要素对基准在垂直方向上的变动全量。

（　　） 10. 给定互相垂直的两个方向上，线对面垂直度公差带为间距等于公差值 t_1 和 t_2 的两平行平面所限定的区域。

（　　） 11. 被测线和基准线不在同一平面内线对基准线倾斜度公差带为间距等于公差值 t 的两平行直线所限定的区域。

（　　） 12. 当基准要素为两个平面时，线对面倾斜度公差带为半径等于公差值 ϕt 的圆柱面内所限定的区域。

（　　） 13. 给定两个方向上，线的位置度公差带为间距等于公差值 t、对称于线的理论正确位置的两平行平面所限定的区域。

（　　） 14. 点的同心度公差带为直径等于公差值 ϕt 圆周所限定的区域。

（　　） 15. 中心平面的对称度公差带为间距等于公差值 t，对称于基准中心平面的两平行平面所限定的区域。

（　　） 16. 轴线的同轴度公差带为直径等于公差值 ϕt 的圆所限定的区域，该圆的轴线与基准轴线同轴。

（　　） 17. 圆跳动通常适用于整个要素，但亦可只适用于局部要素的某一指定部分。

（　　） 18. 几何公差带值是几何误差的最大允许值。

（　　） 19. 轴向圆跳动公差带为在与基准轴线同轴的任一直径的圆柱截面上，间距等于公差值 t 的两圆所限定的圆柱面区域。

（　　） 20. 径向全跳动公差的被测要素和测量方向与轴向圆跳动公差相同。

三、单项选择题（每小题只有一个正确答案，请将正确答案的序号填写在括号内）

1. 形状公差带是限制（　　）变动的区域。

　　A. 拟合要素　　　　　　　B. 提取（实际）要素

　　C. 基准要素　　　　　　　D. 导出要素

2. 直线度公差带形状不可能是（　　）。

　　A. 一个圆　　　　　　　　B. 两平行直线

　　C. 两平行平面　　　　　　D. 一个圆柱

3. 圆度是对（　　）提出形状精度要求。

　　A. 导出要素　　　　　　　B. 组成要素

　　C. 拟合要素　　　　　　　D. 基准要素

4. 下列几何公差项目中，不属于方向公差的是（　　）。

　　A. 平行度　　　　　　　　B. 垂直度

　　C. 同轴度　　　　　　　　D. 倾斜度

5. 位置公差是（　　）对基准在方向上允许的变动全量。

　　A. 导出要素　　　　　　　B. 拟合要素

　　C. 基准要素　　　　　　　D. 提取（实际）要素

6. 线对基准线平行度公差的被测要素和基准要素都是（　　）。

　　A. 平面　　　　　　　　　B. 直线

　　C. 曲面　　　　　　　　　D. 曲线

7. 点的位置度公差带为直径等于公差值 $S\phi t$ 的（　　）所限定的区域。

　　A. 圆柱面　　　　　　　　B. 圆球面

　　C. 圆　　　　　　　　　　D. 平行平面

8. 面对基准面的倾斜度公差带的形状是（　　）。

　　A. 两平行平面　　　　　　B. 两平行直线

　　C. 一个圆　　　　　　　　D. 两平行曲面

9. 径向全跳动公差的被测要素和测量方向与（　　）公差相同。

    A. 斜向圆跳动　　　　B. 端面圆跳动

    C. 径向圆跳动　　　　D. 斜向（给定角度的）圆跳动

10. 在平行度公差中，公差带形状最复杂的是（　　）。

    A. 面对基准面的平行度公差

    B. 面对基准线的平行度公差

    C. 线对基准线的平行度公差

    D. 线对基准体系的平行度公差

11. 给定互相垂直的两个方向上，线对基准体系垂直度公差带为两平行平面所限定的区域，该两组平行平面都垂直于基准平面 A，其中一组平行平面垂直于基准平面 B，另一组平行平面（　　）于基准平面 B。

    A. 平行　　　　　　　B. 垂直

    C. 同轴　　　　　　　D. 倾斜

12. 给定一个方向上，线的位置度公差带为间距等于公差值 t、（　　）于线的理论正确位置的两平行平面所限定的区域。

    A. 平行　　　　　　　B. 垂直

    C. 倾斜　　　　　　　D. 对称

13. 圆柱度公差可以同时控制（　　）公差。

    A. 全跳动　　　　　　B. 圆度

    C. 圆跳动　　　　　　D. 平面度

14. 圆跳动公差和全跳动相同点是（　　）。

    A. 被测要素相同

    B. 基准要素相同

    C. 公差带形状相同

    D. 都是被测要素的测试点在围绕基准轴线旋转时的最大变动量

15. 圆跳动公差和全跳动公差的不相同点在于测量仪器与工件有无（　　）。

    A. 轴向位移　　　B. 径向位移　　　C. 相对运动

16. 斜向圆跳动公差与给定方向的斜向圆跳动公差的相同点

是（　　　）。

  A. 与基准不同轴　　　　　B. 公差带形状相同

  C. 没有规定测量方向

17. 确定倾斜度公差带方向的因素是（　　　）。

  A. 被测要素的形状　　B. 被测要素和理论正确尺寸

  C. 基准要素的形状　　D. 基准和理论正确角度

18. 面对基准面的倾斜度公差与轮廓平面的位置度公差的最大区别在于（　　　）。

  A. 公差带的形状不同

  B. 对基准要素的形状精度要求不同

  C. 对被测要素的形状精度要求不同

  D. 面的位置度公差比面的倾斜度公差多一个确定公差带位置的基准和理论正确尺寸

19. 轴向全跳动公差带是距离为公差值 t 且与基准轴线（　　　）的两平行平面之间的区域。

  A. 平行　　　　　　　B. 垂直　　　　　　C. 倾斜

20. 轴向全跳动公差带形状是（　　　）

  A. 两圆柱面　　　　　B. 圆球面

  C. 两同心圆　　　　　D. 两平行平面

四、简答题

1. 试区别下列几组几何公差带。

（1）圆度与圆柱度

86

（2）轴向全跳动与轴向圆跳动

（3）线轮廓度和面轮廓度

（4）径向全跳动与径向圆跳动

（5）圆度与径向圆跳动

2. 直线度公差有哪些形状？

3. 位置度公差有哪些形状？

五、综合题

1. 指出如图 2-11 所示的几何公差要求中的被测要素与基准要素，并分析几何公差带的四因素。

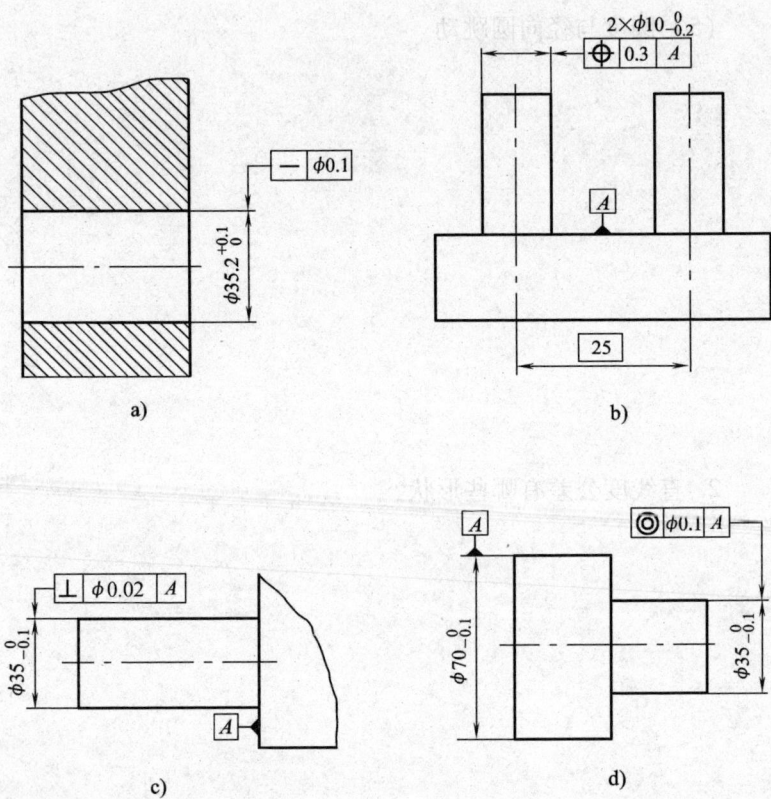

a)

b)

c)

d)

图　2-11

2. 试对图 2-12 所示的图样上标注的几何公差作出解释，要求指明：公差项目名称、被测要素、基准要素、公差带形状和大小、公差带相对于基准的方位关系。

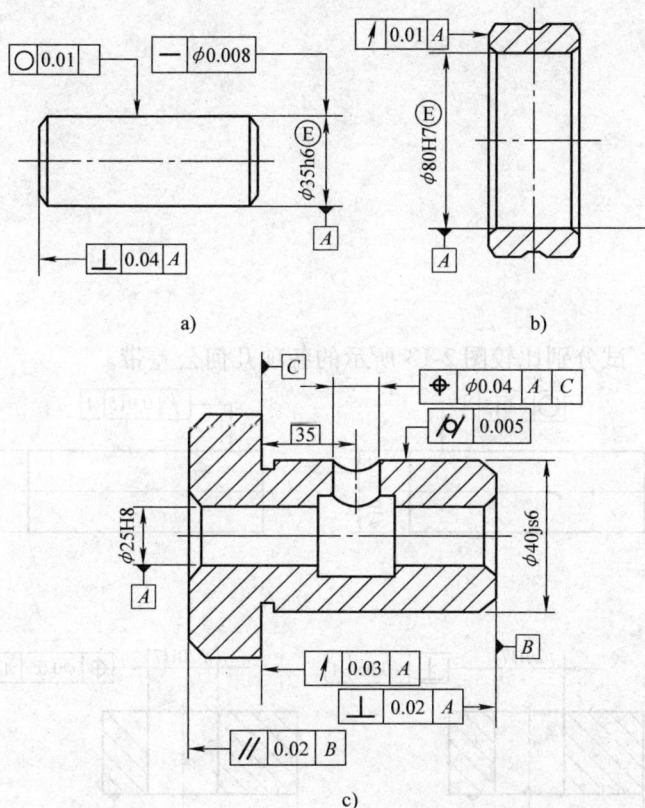

a)

b)

c)

图 2-12

3. 试分别比较图 2-13 所示的各项几何公差带。

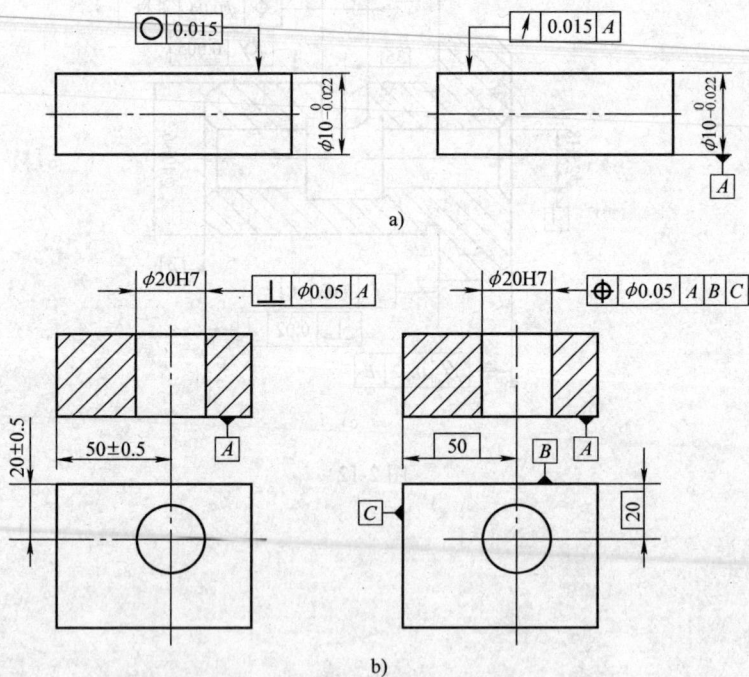

a)

b)

图 2-13

（1）圆度和径向圆跳动

（2）垂直度和位置度

第三章　表面粗糙度

第一节　表面粗糙度概述

一、填空题（将正确答案填写在横线上）

1. 零件表面的峰谷的＿＿＿＿＿＿和＿＿＿＿＿＿的微观几何形状特性，称为表面粗糙度，它反映的是零件被加工后表面上的＿＿＿＿＿＿＿＿＿＿误差。

2. 表面粗糙度不同于由＿＿＿＿＿＿＿＿＿＿＿＿＿＿误差引起的表面宏观几何形状误差，也不同于在加工过程中由＿＿＿＿＿＿＿＿＿＿、＿＿＿＿＿＿和运动不平衡等因素引起的表面波度（中间几何形状误差）。

3. 零件的配合性质、＿＿＿＿＿＿、＿＿＿＿＿＿、＿＿＿＿＿＿、＿＿＿＿＿＿＿＿和结合密封性均受到表面粗糙度的影响，从而也直接影响到机械零件的＿＿＿＿＿＿＿＿＿和＿＿＿＿＿＿，因此，应对零件的表面粗糙度数值进行＿＿＿＿＿＿的选择确定。

4. 对于间隙配合，若表面粗糙度值＿＿＿＿＿＿则易磨损，使＿＿＿＿＿＿＿＿很快地增大，从而引起＿＿＿＿＿＿＿＿＿的改变；对于过盈配合，表面粗糙度值＿＿＿＿＿＿＿＿会减小实际有效过盈量，从而降低＿＿＿＿＿＿＿＿。

5. 通常表面越粗糙，摩擦因数也就＿＿＿＿＿＿＿＿，摩擦阻力＿＿＿＿＿＿＿＿，因摩擦而消耗的＿＿＿＿＿＿＿＿也越多，零件磨损也＿＿＿＿＿＿＿＿。

6. 表面越粗糙，表面间的实际接触面积就＿＿＿＿＿＿，单位面积受力就＿＿＿＿＿＿＿＿，这就会使峰顶处的塑性变形＿＿＿＿＿＿＿＿，降低＿＿＿＿＿＿＿＿。

7. 在加工中要特别注意提高零件沟槽和台阶圆角处的＿＿＿＿

____，以消除或减小应力集中现象，增强零件的____。

二、判断题（将正确答案填写在括号内，对画√，错画×）

（   ）1. 表面粗糙度与表面宏观几何形状误差和表面波度（中间几何形状误差）的波距 λ 都相同。

（   ）2. 表面粗糙度会影响零件的配合性质。

（   ）3. 零件表面越光滑，零件接触面的摩擦和磨损越小。

（   ）4. 降低零件表面粗糙度值，可提高零件的密封性能。

（   ）5. 降低零件表面粗糙度值，可降低该零件的腐蚀性能。

（   ）6. 从间隙配合的稳定性或过盈配合的连接强度考虑，表面粗糙度值越小越好。

（   ）7. 表面粗糙度的值越小，表面间的实际接触面积越大，单位面积受力就越小，峰顶处的塑性变形减小，从而提高接触刚度。

（   ）8. 为了减小相对运动时的摩擦与磨损，表面粗糙度的值越小越好。

（   ）9. 表面粗糙度直接影响机械零件的使用性能和寿命，因此应对零件的表面粗糙度数值加以合理确定。

（   ）10. 表面粗糙度反映的是零件被加工表面上微观几何形状误差，它是由机床—刀具—工件系统的振动、发热和运动不平衡等因素引起的。

三、单项选择题（每小题只有一个正确答案，请将正确答案的序号填写在括号内）

1. 表面粗糙度的波形起伏间距 λ 应为（   ）。

    A. < 1mm   B. 1 ~ 10mm

    C. > 10mm   D. > 20mm

2. 表面粗糙度反映的是零件表面的（   ）。

    A. 宏观几何形状误差   B. 中间几何形状误差

C. 微观几何形状误差　　　D. 微观相对位置误差

3. 表面粗糙度与零件使用性能的关系，下列说法中错误的是（　　）。

  A. 零件的表面质量影响间隙配合的稳定性或过盈配合的连接强度

  B. 零件的表面越粗糙，零件表面的抗腐蚀性能越大

  C. 提高零件沟槽和台阶圆角处的表面质量，可提高零件的抗疲劳强度

  D. 降低表面粗糙度值，可提高零件的密封性能

4. 零件加工时产生表面粗糙度的主要原因是（　　）。

  A. 机床—刀具—工件系统的振动、发热和运动不平衡等

  B. 刀具和零件表面间的摩擦、切屑分离时表面金属层的塑性变形及工艺系统的高频振动

  C. 机床几何精度方面的误差

  D. 刀具和工件装夹不准确而形成的误差

5. 零件表面粗糙度和零件的摩擦与磨损的关系，下列说法中正确的是（　　）。

  A. 零件表面越粗糙，越不利于润滑油的储存，形成半干摩擦甚至干摩擦，使摩擦因数增大，加剧零件的磨损

  B. 表面粗糙度的状况不会直接影响到零件的摩擦与磨损

  C. 滑动轴承配合表面越光滑，摩擦阻力越小，零件磨损也越小

  D. 只有选择合适的表面粗糙度，才能有效地减小零件的摩擦和磨损

四、简答题

1. 什么是表面粗糙度？产生表面粗糙度的原因是什么？

2. 表面粗糙度对零件的使用性能有什么影响？

3. 表面粗糙度轮廓、波纹度轮廓和宏观形状轮廓误差三者的关系如何？

第二节 表面粗糙度的评定

一、填空题（将正确答案填写在横线上）

1. 具有＿＿＿＿＿＿＿并划分轮廓的＿＿＿＿＿称为中线。

2. 轮廓峰是指被评定轮廓上连接＿＿＿＿＿＿与＿＿＿＿＿在两相邻交点的＿＿＿＿＿＿＿＿＿＿的轮廓部分；轮廓谷是指被评定轮廓上连接＿＿＿＿＿＿与＿＿＿＿＿在两相邻交点的＿＿＿＿＿＿＿的轮廓部分。轮廓峰和相邻轮廓谷的组合称为＿＿＿＿＿＿。

3. 取样长度是指在＿＿＿＿＿＿方向判别被评定轮廓＿＿＿＿＿的长度，代号为＿＿＿＿。为限制和削弱＿＿＿＿＿＿＿对表面粗糙度测量结果的影响，它一般至少包含＿＿＿＿个的轮廓峰和轮廓谷。

4. 评定长度是指用于判别＿＿＿＿＿＿的＿＿＿＿＿＿方向上的长度，代号为＿＿＿＿＿。为了减小被测表面上表面粗糙度的＿＿＿＿＿＿的影响。通常，$ln =$ ＿＿＿＿＿。

5. 在水平截面高度 C 上轮廓的实体材料长度是指在一个给定＿＿＿＿＿＿上用一＿＿＿＿＿＿ X 轴的线与＿＿＿＿＿＿相截所获得的各段截线长度之和。

6. 标准规定，评定表面粗糙度的参数应从＿＿＿＿＿＿、＿＿＿＿＿＿、混合参数及曲线和相关参数等中选取。

7. 轮廓算术平均偏差是指在＿＿＿＿＿＿内纵坐标值的＿＿＿＿＿，代号为＿＿＿＿＿，其表达式为＿＿＿＿＿＿＿。

8. 轮廓单元的平均宽度是指在＿＿＿＿＿内轮廓单元宽度 Xs 的＿＿＿＿＿，代号为＿＿＿＿＿，其表达式为＿＿＿＿＿。它的大小反映了轮廓表面峰谷的＿＿＿＿＿，RSm 越小，峰谷越密，＿＿＿＿＿＿＿。

9. 轮廓最大高度是指在＿＿＿＿＿内，＿＿＿＿＿与最大的轮廓谷深 Rv 之＿＿＿＿的高度，代号为＿＿＿＿＿，其表达式为＿＿＿＿＿。

10. 轮廓峰高是指轮廓峰的＿＿＿＿＿距＿＿＿＿＿的距离，代号为＿＿＿＿；轮廓谷深是指轮廓谷的＿＿＿＿＿距 X 轴线的＿＿＿＿＿，代号为＿＿＿＿。一个轮廓单元的＿＿＿＿＿和＿＿＿＿＿之和称为轮廓单元高度，代号为＿＿＿＿。

11. 轮廓的支承长度率是指在＿＿＿＿＿＿＿上轮廓的实体材料长度与评定长度 ln 之比，代号为＿＿＿＿＿，其表达式为＿＿＿＿＿。它反映表面的＿＿＿＿＿，一般情况下 Rmr (c) 的值越大，零件表面的＿＿＿＿＿。

12. 在规定表面粗糙度要求时，应给出规定＿＿＿＿＿和测定时的＿＿＿＿＿两项基本要求。必要时也可规定＿＿＿＿＿或加工顺序和不同区域的粗糙度等＿＿＿＿＿。

二、判断题（将正确答案填写在括号内，对画✓，错画×）

（　　）1. 轮廓峰的最高点距基准线的距离称为轮廓峰高。

（　　）2. 在一个评定长度内，最大的轮廓峰高称为最大轮廓峰高。

（　　）3. 轮廓峰是指在取样长度内轮廓与中线相交，连接两相邻交点向内的轮廓部分。

（　　）4. 轮廓谷的最低点距 X 轴线的距离称为轮廓谷深。

（　　）5. 轮廓算术平均偏差指在取样长度内，轮廓偏距的算术平均值。

（　　）6. Rz 参数测量方便，能充分反映表面微观几何形状的特性。

（　　）7. 提出评定长度的概念是考虑到被测表面粗糙度的不均匀性。

（　　）8. 规定和选择评定长度目的是为限制和削弱其他几何形状误差。

（　　）9. 评定长度可以包含一个或几个取样长度。

（　　）10. 一般情况下轮廓支承长度率的值越大，零件表面的耐磨性越好。

三、单项选择题（每小题只有一个正确答案，请将正确答案的序号填写在括号内）

1. 轮廓单元宽度是一个（　　）与 X 轴相交线段的长度。

    A. 轮廓峰　　　　　　　　B. 轮廓单元

    C. 轮廓谷　　　　　　　　D. 轮廓单元高度

2. 取样长度是指在（　　）方向判别被评定轮廓不规则特征的长度。

    A. 水平　　　　　　　　　B. 垂直

    C. Y 轴　　　　　　　　　D. X 轴

3. 水平截距高度 C 值可用（　　）或对 Rz 的百分数来表示。

    A. 微米　　　　　　　　　B. 厘米

    C. 分米　　　　　　　　　D. 毫米

4. 轮廓算术平均偏差指在（　　）长度内，轮廓偏距绝对值的算术平均值。

    A. 取样   B. 中线

    C. 评定   D. 基准线

5. 下列参数中，与轮廓支承长度率无关的是（   ）。

    A. 在水平截面高度 C 上轮廓的实体材料长度 $Ml(c)$

    B. 取样长度

    C. 评定长度

    D. 水平截距高度 c

6. 表面粗糙度各参数的数值应在（   ）于基准面的各截面上获得。

    A. 平行   B. 垂直   C. 倾斜

7. 测量方便，能充分反映表面微观几何形状的特性的表面粗糙度参数是（   ）。

    A. Rz B. RSm

    C. Ra D. $Rmr(c)$

8. 为了在测量范围内较好地反映粗糙度的实际情况，在取样长度范围内，一般至少包含（   ）个的轮廓峰和轮廓谷。

    A. 3   B. 4

    C. 5   D. 6

9. 测量表面粗糙度参数值必须确定评定长度的目的是（   ）。

    A. 减少表面波度对测量结果的影响

    B. 考虑到零件加工表面的不均匀性

    C. 减少形状误差对测量结果的影响

    D. 使测量工作方便简捷

10. 用于判别被评定轮廓的 X 轴上方向的长度称为（   ）。

    A. 在水平截面高度 C 上轮廓的实体材料长度

    B. 取样长度

    C. 评定长度

    D. 基准线长度

四、简答题

1. 试区别下列几组名词术语。

（1）评定长度与取样长度

（2）轮廓峰与轮廓谷

（3）轮廓峰高和轮廓峰谷深

（4）最大轮廓峰高和最大轮廓谷深

2. 规定表面粗糙度要求的一般规则有哪些？

3. 试叙述评定表面粗糙度参数的定义，并写出其表达式。

第三节　表面粗糙度符号、代号及标注

一、填空题（将正确答案填写在横线上）

1. 表面粗糙度评定参数的标注，必须注出 _____ 和 _____，数值的单位均为 _____，数值的判断规则有两种：① _____，是所有表面粗糙度要求默认规则；② _____，应用于表面粗糙度要求时，则参数代号中应加上 _____。

2. 在 _____ 符号的规定位置上，注出 _____ 数值及相关的规定项目后就形成了表面粗糙度代号。

3. 当图样上标注参数的最大值或（和）最小值时，表示参数中所有的实测值均 _____ 规定值；当图样上采用参数的上限值或（和）下限值时，表示参数的实测值中允许少于总数的 _____ 的实测值超过规定值。

4. 需要控制表面加工纹理方向时，可在表面粗糙度符号的 _____ 加注加工纹理方向符号。

5. 零件的镀（涂）覆或其他表面处理要求可标注在 _____ 符号的横线上面，也可在图样的 _____ 中说明。

6. 评定表面粗糙度参数中，若所标注的参数代号没有 _____，表明采用的有关标准中默认的评定长度；若不存在默认的评定长度时，参数代号中应标注取样长度的 _____。

7. 国标规定，表面粗糙度的注写和读取方向与尺寸的注写和读取方向 _____。

8. 表面粗糙度要求可标注在轮廓线上，其符号应从材料外 _____ 并接触表面。必要时，表面粗糙度符号也可用带 _____ 或 _____ 的指引线引出标注。

9. 在同一图样中，有 _____ 的表面可标注加工余量时，加工余量标注在完整符号的 _____。

10. 标注表面粗糙度参数代号、极限值和取样长度时，为了

避免误解，在参数代号和极限值间应插入_____。取样长度后应有_____，之后是表面粗糙度参数符号，最后是_____，如：-0.8/Rz 6.3。

二、判断题（将正确答案填写在括号内，对画✓，错画×）

（　　）1. 表面粗糙度要求可标注在几何公差框格的下方。

（　　）2. 表面粗糙度的加工余量标注在完整符号的左下方，单位为毫米。

（　　）3. 当图样上标注表面粗糙度高度参数的最大值或（和）最小值时，表示参数中所有的实测值均不得超过规定值。

（　　）4. 需要控制表面加工纹理方向时，可在表面粗糙度符号的左下角加注加工纹理方向符号。

（　　）5. 表面粗糙度要求可标注在轮廓线上，其符号应从材料内指向并接触表面。必要时，表面粗糙度符号也可用带箭头或黑点的指引线引出标注。

（　　）6. 如果在工件的多数（包括全部）表面有相同的表面粗糙度要求，则其表面粗糙度要求可统一标注在图样的标题栏附近。

（　　）7. 零件的镀（涂）覆或其他表面处理要求可标注在表面粗糙度符号的横线上面，也可在图样的技术要求中说明。

（　　）8. 零件的加工余量可标注在表面粗糙度符号的右下角。

（　　）9. 如果每个棱柱表面有相同的表面粗糙度要求，则应分别单独标注。

（　　）10. 表面粗糙度要求可以直接标注在延长线上，或用带箭头的指引线引出标注。

三、单项选择题（每小题只有一个正确答案，请将正确答案的序号填写在括号内）

1. 当图样上标注表面粗糙度高度参数的最大值（max）或（和）最小值（min）时，表示参数中所有的实测值（　　）规定值。

A. 小于或等于　　　B. 大于或等于

C. 等于　　　　　　D. 小于

2. 标准规定，当图样上标注表面粗糙度高度参数的上限值或（和）下限值时，表示参数的实测值中允许少于总数的（　　）的实测值超过规定值。

A. 26%　　　　　　B. 20%

C. 16%　　　　　　D. 10%

3. 表面加工纹理方向符号标注在表面粗糙度符号的(　　)。

A. 左下角　　　　　C. 表面粗糙度符号的横线上

B. 右下角　　　　　D. 表面粗糙度符号的横线下

4. 取样长度数值标注在表面粗糙度符号的（　　）。

A. 左下角　　　　　C. 表面粗糙度符号的横线上

B. 右下角　　　　　D. 表面粗糙度符号的横线下

5. 零件的加工余量可标注在表面粗糙度符号的（　　）。

A. 左下角　　　　　C. 表面粗糙度符号的横线上

B. 右下角　　　　　D. 表面粗糙度符号的横线下

6. 关于表面粗糙度符号、代号在图样上的标注，下列说法中正确的是（　　）。

A. 符号的尖端必须由材料内指向表面

B. 代号中数字的注写方向必须与尺寸数字方向相反

C. 表面粗糙度要求可标注在几何公差框格的下方

D. 表面粗糙度要求可以直接标注在延长线上，或用带箭头的指引线引出标注

7. 表示零件的加工纹理方向为呈近似同心圆且圆心与表面中心相关的符号是（　　）。

A. M　　　　　　　B. R

C. P　　　　　　　D. C

8. 不去除材料的表面粗糙度图形符号是（　　）。

A. ▽　　　　B. ◯▽　　　C. ✓

9. 表面粗糙度要求对每一表面一般只标注（　　），并尽可能标注在相应的尺寸及其公差的同一视图上。

　　A. 两次　　　　　　　B. 三次

　　C. 一次　　　　　　　D. 四次

10. 表面粗糙度标注的总原则：使表面粗糙度的注写和读取方向与尺寸的注写和读取方向（　　）。

　　A. 相同　　　　　　　B. 相反

　　C. 不同

四、简答题

1. 表面粗糙度代号包含哪些内容？画图简要说明标准规定的各参数在代号上的标注位置。

2. 表面粗糙度符号、代号在图样上标注时有哪些基本规定？

五、综合题

1. 解释下列表面粗糙度代号的意义。

（1）

图 3-1

（2）

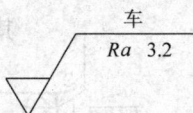

图 3-2

（3）

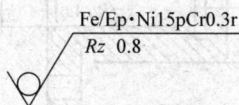

图 3-3

2. 将给各表面的 *Ra* 数值标注在图 3-4 中。

各表面的 *Ra* 数值如下：

（1） ϕ90 圆柱面：6.3　　　（2） ϕ30 内孔：3.2

（3） ϕ60 圆柱面：1.6　　　（4） 左端面：3.2

（5） 右端面：6.3　　　　　　（6） 其余：12.5

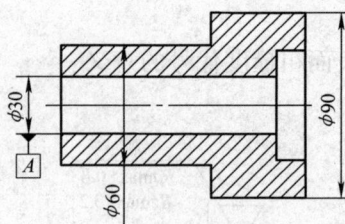

图　3-4

3. 解释图 3-5 中表面粗糙度符号、代号的意义。

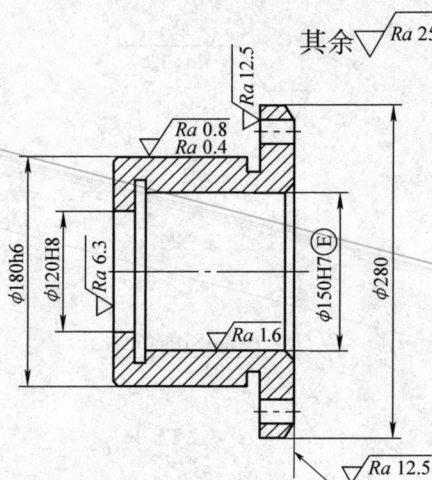

图　3-5

第四节　表面粗糙度的应用及检测

一、填空题（将正确答案填写在横线上）

1. 表面粗糙度参数值的选择首先应满足＿＿＿＿＿＿＿＿＿＿＿，进而考虑加工的＿＿＿＿＿＿＿＿和＿＿＿＿＿＿。

2. 根据零件表面的加工方法，通常情况下可判断出＿＿＿＿＿＿＿＿＿＿＿＿的大致范围。

3. 表面粗糙度常用的检测的方法有＿＿＿＿＿、＿＿＿＿＿＿、＿＿＿＿＿＿、＿＿＿＿＿＿四种。

4. 比较法是指被测表面与已知高度参数值的＿＿＿＿＿＿＿＿＿进行比较，用＿＿＿＿＿＿和＿＿＿＿＿＿来判断表面粗糙度的检测方法。比较时还可借助＿＿＿＿＿＿、＿＿＿＿＿＿等工具，以减少＿＿＿＿＿，提高判断的＿＿＿＿＿＿。比较时，样块与被检表面的加工纹理方向应保持＿＿＿＿。

5. 光切法是利用＿＿＿＿＿＿＿＿测量表面粗糙度的方法。常用的仪器是＿＿＿＿＿＿＿＿＿＿＿＿，测量范围为＿＿＿＿＿＿＿＿，适用于＿＿＿＿＿＿参数的评定。

6. 利用＿＿＿＿＿＿＿＿＿＿测量表面粗糙度的方法，称为干涉法。常用的仪器为＿＿＿＿＿＿＿＿＿＿＿＿，测量范围为＿＿＿＿＿＿＿＿，适用于＿＿＿＿＿＿参数的评定。

7. 感触法是一种＿＿＿＿＿＿＿＿测量表面粗糙度的方法，测量仪器多为＿＿＿＿＿＿＿＿＿＿，可直接显示＿＿＿＿＿＿参数值，测量范围为＿＿＿＿＿＿＿＿。

二、判断题（将正确答案填写在括号内，对画√，错画×）

（　　　）1. 表面粗糙度参数值的选择首先应考虑加工的可能性和经济性，进而满足零件表面功能要求。

（　　　）2. 在满足表面功能要求的情况下，尽量选用较小的表面粗糙度数值。

（　　　）3. 通常，在同一零件上工作表面的粗糙度数值低于非工作表面的粗糙度数值。

（　　）4. 圆角、沟槽等处表面粗糙度数值可以大一些。

（　　）5. 配合性质要求低的结合表面，表面粗糙度数值可以大一些。

（　　）6. 同一公差等级，一般小尺寸比大尺寸的表面粗糙度数值要大。

（　　）7. 通常在尺寸精度、形状精度较高时，表面粗糙度数值要小。

（　　）8. 防腐性、密封性要求越低，表面粗糙度数值应越小。

（　　）9. 为减小摩擦力，摩擦表面的粗糙度数值要小一些。

（　　）10. 当零件上所有要素的表面粗糙度要求相同时，表面粗糙度代号可在图样的右上角统一注出。

（　　）11. 采用比较法评定表面粗糙度，很大程度上取决于检验人员的经验，因而主要用于评定表面粗糙度要求较低的近似评定。

（　　）12. 光切法常用来测量 Ra 参数值，干涉法常用来测量 Rz 参数值，感触法常用来测量 Ra 参数值。

三、单项选择题（每小题只有一个正确答案，请将正确答案的序号填写在括号内）

1. 表面粗糙度参数值的选择首先应考虑（　　）。

　　A. 加工的可能性　　　　B. 满足零件表面功能要求

　　C. 加工的经济性

2. 一般在同一零件上非工作表面的粗糙度数值（　　）工作表面的粗糙度数值。

　　A. 小于　　　　　　　　B. 大于

　　C. 等于　　　　　　　　D. 等于或小于

3. 采用比较法检测表面粗糙度时，样块与被检表面的加工纹理方向应（　　）。

　　A. 不同　　　　　　　　B. 相反

C. 相同　　　　　　　　D. 无所谓

4. 光切法和光波干涉法都适用于 （　　） 参数的评定。

A. *Rz*　　　　　　　　B. *Ra*

C. *RSm*　　　　　　　D. *Rmr*（c）

5. 光波干涉法的测量范围为 （　　）。

A. 0.5 ~ 50μm　　　　B. 0.03 ~ 1μm

C. 0.05 ~ 0.8μm　　　D. 0.02 ~ 25μm

6. 利用电动轮廓仪测量表面粗糙度时，可直接显示（　　）
参数值。

A. *Rz*　　　　　　　　B. *Ra*

C. *RSm*　　　　　　　D. *R mr*（c）

四、简答题

1. 怎样合理地选择表面粗糙度？

2. 检测表面粗糙度常用哪几种方法？各用于什么情况？

第四章　技　术　测　量

第一节　技术测量的基础知识

一、填空题（将正确答案填写在横线上）

1. 测量是指以确定＿＿＿＿＿＿＿＿为目的而进行的操作过程，在此操作中是将被测几何量与作为＿＿＿＿＿＿＿＿＿＿的标准量进行比较，从而确定被测几何量＿＿＿＿＿＿的量值。一个完整的测量过程包括＿＿＿＿＿＿、＿＿＿＿＿＿＿、＿＿＿＿＿＿＿＿和测量精度四个方面要素。

2. 检验是指只确定被测几何量是否在规定的＿＿＿＿＿＿＿之内并判断被测对象是否合格的操作过程，而并不需要得出被测几何量＿＿＿＿＿＿＿＿。

3. 计量单位为了保证测量的＿＿＿＿＿＿＿＿，必须保证测量过程中＿＿＿＿＿＿的统一。我国的法定计量单位以＿＿＿＿＿＿＿＿＿为基础确定的。

4. 测量对象主要指＿＿＿＿＿＿，包括长度、角度、＿＿＿＿＿、＿＿＿＿＿＿＿＿等。

5. 1m 是光在真空中（1/299792458）s 的时间间隔内所经路径的＿＿＿＿＿＿＿。按此定义确定的基准称为＿＿＿＿＿＿＿＿＿。

6. 测量方法是指＿＿＿＿＿＿＿时所采用的计量器具和测量条件的＿＿＿＿＿＿＿。为确定最佳的测量方法，测量前必须根据被测对象的＿＿＿＿＿＿＿，如精度、形状、质量、材质和数量等来选择＿＿＿＿＿＿＿＿，并分析研究＿＿＿＿＿＿＿＿＿＿及与其他参数的关系。

7. 测量精度是指＿＿＿＿＿＿＿与＿＿＿＿＿的一致程度。测量结果有效值的＿＿＿＿＿＿是由测量精度确定的。精度和误差是两个

_____的概念，误差____，精度____；误差____，精度____。

8. 计量器具是_____和_____（简称_____）的总称，按结构特点可以分为_____、_____、_____、_____四类。

9. 量具是以_____复现量值的计量器具，没有传动_____，可_____测出尺寸。它一般分为_____和_____两种，前者是用来复现_____的量具，又称为_____，如量块、直角尺等；后者是用来复现一定范围内的_____量具，又称为_____。

10. 量规是没有_____的专用计量器具，用于检验零件的_____及几何误差的综合结果，从而判断零件被测的几何量_____。检验时不能获得被测几何量的_____。

11. 量仪是将被测几何量的量值转换成_____或_____的计量器具，一般具有_____系统。它按原始信号转换原理的不同可分为_____、光学式量仪、_____和_____四种。

12. 计量装置是为确定_____所必需的计量器具和辅助设备的总体，它能够测量_____和较复杂的零件，有助于实现检测_____或_____，一般用于_____生产中，以提高_____和_____。

13. 直接测量指直接用_____和_____测出零件被测几何量值的方法。

14. 间接测量指通过测量与被测量间有_____关系的其他量，再通过_____获得被测量值的方法。这种方法存在着_____误差，故仅在不能或不宜采用_____的场合使用。

15. 被测量的全值可直接从计量器具的读数装置获得的测量方法称为_____。

16. 相对测量是指将被测量与同它只有_____的已知同

种量（一般为标准量）相_____，通过测量这两个量值间的_____以确定被测量值。相对测量的精度较_____。

17. 根据零件上同时被测几何量的多少可分为_____和_____。

18. 根据被测表面与计量器具的测量头是否接触分为接触测量和_____两种，前者测量时计量器具的测量头与工件被测表面_____并有_____存在。后者则没有。

19. 主动测量是指零件在_____进行的测量，目的是控制_____，及时预防_____的产生。而被动测量是指零件在_____进行的测量，目的是发现并剔除_____。

20. 对于静态测量，被测量的量值是_____的；对动态测量，被测量的量值是_____的。

21. 计量器具的_____是表征计量器具性能和功用的指标，是选择和使用计量器具、研究和判别_____的主要依据。基本计量参数有_____、_____、_____、_____、_____、_____和示值稳定性等十个。

22. 刻度间距又称_____，是指标尺或刻度盘上_____刻线中心的距离。刻度间距要恰当，太小，会影响_____；太大，会加大读数装置的_____，一般刻度间距在_____之间。

23. 分度值是指标尺或刻度盘上每一_____所代表的量值。一般分度值越_____，计量器具的精度越_____。

24. 示值范围是指计量器具标尺或刻度盘所指示的_____到_____的范围。

25. 测量范围是指计量器具能够测出的被测尺寸的_____到_____的范围。

26. 示值误差是指计量器具的_____与被测量的_____

之差，产生的主要因素为_____误差、_____误差、传动机构的_____等，可通过对计量器具的_____测得。它与校正值大小_____，符号_____。

27. 测量力是指测量时计量器具的_____与_____接触时产生的机械压力。它必须合理控制，过大，会引起被测工件表面和计量器具的有关部分_____，在一定程度上降低_____；但过小，也可能降低接触的_____而引起_____。

28. 任何测量过程，由于_____和_____的限制等因素的影响，使测量总是存在误差，这种_____与_____之间的差值称为测量误差。

29. 测量误差的评定指标为_____和_____两项。

30. 测量误差产生的主要原因为_____、_____、_____和计量器具误差。

二、判断题（将正确答案填写在括号内，对画√，错画×）

（　　）1. 在机械制造业中，只要测量合格，零件就具有互换性。

（　　）2. 通过检验可以得到被测几何量具体的量值。

（　　）3. 在精密测量中，长度计量单位采用微米。

（　　）4. 精度和误差是两个相对的概念，误差大，精度低；反之则精度高。

（　　）5. 由于任何测量总是存在测量误差，所以任何测量结果都只能是要素真值的近似值。

（　　）6. 量规检验可以获得被测几何量的具体数值。

（　　）7. 量具具有传动放大系统，可直接测出尺寸。

（　　）8. 水柱式气动量仪是以压缩空气为介质，通过其流量或压力的变化来实现原始信号转换的量仪。

（　　）9. 计量装置为确定被测几何量值所必需的计量器具和辅助设备的总体，它能够测量较多的几何量和较复杂的零件。

（　　）10. 用外径千分尺可以直接测量得到轴的直径。

（　　）11. 通常，相对测量比绝对测量的精度较低。

（　　）12. 单项测量比综合测量的效率高，一般属于检验。

（　　）13. 气动测量属于接触测量。

（　　）14. 动态测量能反映被测参数连续变化的情况，常用于测量工件的运动精度参数。

（　　）15. 一般说，分度值越小，计量器具的精度越高。

（　　）16. 规格为 125mm 的游标卡尺的测量范围和示值范围都为 0～125mm，因此可认为示值范围和测量范围属于同一概念。

（　　）17. 计量器具的校正值与示值误差大小相等符号相反。

（　　）18. 灵敏度反映计量器具对最小被测尺寸的灵敏性，仪器越精密，灵敏度越小。

（　　）19. 相对误差是无量纲的，通常用百分数表示。

三、单项选择题（每小题只有一个正确答案，请将正确答案的序号填写在括号内）

1. 机械制造中常用的长度计量单位为（　　）。

　　A. 米　　　　　　　　　　B. 毫米

　　C. 微米　　　　　　　　　D. 纳米

2. 光学式量仪是用（　　）实现原始信号转换的量仪，具有放大比较的光学放大系统。

　　A. 机械方法　　　　　　　B. 电动方法

　　C. 光学方法　　　　　　　D. 气压方法

3. （　　）测量法存在着基准不重合误差，故仅在不能或不宜采用直接测量的场合使用。

　　A. 直接　　　　　　　　　B. 间接

　　C. 绝对　　　　　　　　　D. 单项

4. 目前检测技术发展的方向是（　　）。

　　A. 被动测量　　　　　　　B. 静态测量

　　C. 主动测量　　　　　　　D. 综合测量

5. 一个完整的测量过程应包括的四个方面是（　　）。

　　A. 计量器具、计量单位、计量方法和测量条件

　　B. 测量对象、计量单位、测量方法和测量精度

　　C. 测量对象、计量器具、计量单位和测量方法

　　D. 测量对象、计量器具、测量方法和测量精度。

6. 测量与检验相比，其最主要的特点是（　　）。

　　A. 测量可以确定被测几何量具体的量值

　　B. 测量所使用的计量器具比较简单

　　C. 测量只判断被测几何量的合格性，不能得出具体的量值

　　D. 测量的精度比检验低

7. 为了保证测量过程中计量单位的统一，我国法定计量单位的基础是（　　）。

　　A. 公制和英制　　　　　　B. 国际单位制

　　C. 公制　　　　　　　　　D. 公制和市制

8. 确定需用的计量器具的根据是被测对象的（　　）。

　　A. 大小、形状、材质、数量和质量

　　B. 精度、尺寸、形状、材质和质量

　　C. 精度、形状、质量、材质和数量

　　D. 长度、形状、质量、尺寸和数量

9. 精度和误差是两个（　　）的概念，误差大，精度低；反之，则精度高。

　　A. 相对　　　　　　　　　B. 相同

　　C. 相反　　　　　　　　　D. 既相对又相反

10. 关于量具特点，下列说法中错误的是（　　）。

　　A. 量具的结构一般比较简单

　　B. 量具没有传动放大系统

　　C. 量具只能与其他计量器具同时使用

　　D. 量具可分为单值量具和多值量具两种

11. 下列计量器具中一般具有传动放大系统的是（　　）。

　　A. 千分尺　　　　　　　　B. 量块

C. 光滑极限量规　　　　D. 立式光学计

12. 下列不能直接测出尺寸的计量器具为（　　　）。

　　A. 光滑极限量规　　　　B. 扭簧比较仪

　　C. 游标卡尺　　　　　　D. 干涉仪

13. 用游标卡尺测量两孔的中心距，该测量方法属于（　　　）。

　　A. 绝对测量　　　　　　B. 间接测量

　　C. 综合测量　　　　　　D. 相对测量

14. （　　　）测量会引起被测表面和计量器具的有关部分产生弹性变形，因而影响测量精度。

　　A. 间接　　　　　　　　B. 非接触测量

　　C. 接触　　　　　　　　D. 绝对

15. 综合测量的效率高，一般属于（　　　）。

　　A. 测量　　　　　　　　B. 检查

　　C. 校验　　　　　　　　D. 检验

16. 测量误差总是（　　　）。

　　A. 客观存在　　　　　　B. 不存在

　　C. 有时存在　　　　　　D. 有时不存在

17. 计量器具能准确读出的最小单位数值应等于计量器具的（　　　）。

　　A. 读数值　　　　　　　B. 刻线间距

　　C. 示值误差　　　　　　D. 灵敏度

18. （　　　）能反映计量器具对最小被测尺寸的灵敏性。

　　A. 灵敏度　　　　　　　B. 分度值

　　C. 刻线间距　　　　　　D. 灵敏阈

19. 下列各项中，与示值误差的产生无关的因素为（　　　）。

　　A. 分度误差　　　　　　B. 仪器设计原理误差

　　C. 测量误差　　　　　　D. 传动机构的失真

20. 下列计量器具中，测量范围与示值范围相等的是（　　　）。

　　　A. 百分表　　　　　　B. 扭簧比较仪
　　　C. 游标卡尺　　　　　D. 干涉仪

四、简答题

1. 试区别下列几组名词术语。

（1）测量和检验

（2）量具和量仪

（3）直接测量和间接测量

（4）单项测量和综合测量

（5）主动测量和被动测量

（6）静态测量和动态测量

（7）示值范围和测量范围

（8）灵敏阈和灵敏度

（9）绝对误差和相对误差

（10）绝对测量和相对测量

2. 测量误差产生的主要原因是什么？

3. 计量器具的主要计量性能参数有哪些？

4. 什么是量仪？它按原始信号转换原理的不同可分为哪几类？试举例说明。

5. 测量方法的如何分类？

五、综合题

现测量得到孔 ϕ20H6 和 ϕ30H7 的值分别为 $x_1 = 20.016$mm、$x_2 = 30.416$mm，并已知 $\delta_1 = 0.002$mm，$\delta_2 = 0.005$mm。试比较两者的测量精度。

第二节　常用长度计量器具

一、填空题（将正确答案填写在横线上）

1. 量块是没有_____的平行端面量具，也称_____，是用特殊合金钢制成的_____。它有_____平行平面的测量面和_____非工作面。

2. 量块具有_____，应用此特性可使不同尺寸的量块组合成_____，得到所需的各种尺寸。但量块组合会由此产生_____误差，因此使用量块时，应尽量减少块数，一般不超_____块。

3. 量块按制造精度分为：____，____，____，____，____共五级。其中____级最高，其余依次降低，____级最低。量块按_____分六等：1，2，3，4，5，6。其中 1 等最____，精度依次降低，6 等最_____。使用时，可按"级"和按"等"两种方法，但按"级"使用比按"等"获得更_____的精度。

4. 游标量具是利用_____和_____相互配合进行测量和读数的量具。

5. 游标卡尺的读数部分由_____与_____组成。它通常用来测量内外径尺寸、_____、_____、_____及_____等。

6. 如果游标卡尺游标上刻线 50 格的长度等于尺身刻线 49 格的长度，此时游标上的刻线间距为_____，则此游标卡尺的游标读数值为_____。

7. 测微螺旋量具是利用_____原理进行测量和读数的一种测微量具。按用途可分为_____、_____、_____及专用的测量螺纹_____尺寸的螺纹千分尺和测量齿轮_____的公法线千分尺。

8. 外径千分尺的结构由_____、_____、_____和锁紧装置等组成。其制造精度可分为_____级和_____级两种，_____级精度较高。

9. 内径千分尺用来测量_____以上的_____尺寸，其读数范围为_____。

10. 机械式量仪是借助_____、_____、_____或_____的传动，将测量杆的微小的_____位移经传动和放大机构转变为表盘上指针的_____位移，从而指示出相应的数值。

11. 百分表是由_____、_____和_____等组成，它可用作相对测量和_____，测量范围通常有_____ mm、_____ mm, 0～10mm 三种。

12. 千分表的分度值为_____ mm，示值范围为_____ mm。其用途、结构形式、使用方法及工作原理与_____相似，但千分表的传动机构中齿轮传动的级数要比百分表_____，因而_____更大，_____更小，测量精度也更_____。

二、判断题（将正确答案填写在括号内，对画√，错画×）

（　　）1. 精度相同的千分尺可以测量不同精度等级的工件。

（　　）2. 量块的标称尺寸具有很高的精度。

（　　）3. 量块可装在特制的铁盒内。

（　　）4. 量块是没有刻度的平行端面量具，因此用它测量时，不能得到零件的具体尺寸，只能判定零件是否合格。

（　　）5. 游标卡尺的量爪合拢后，如果游标零线应与尺身零线没有对齐，应先校正零位。

（　　　）6. 任何游标卡尺都不能作划线工具使用，以免影响测量精度。

（　　　）7. 千分尺可以当卡规用且不会划坏千分尺的测量面。

（　　　）8. 机械式量仪都没有放大功能。

（　　　）9. 各种千分尺的分度值均为千分之一毫米，即 0.001mm。

（　　　）10. 公法线千分尺主要用于测量齿轮的公法线长度。

（　　　）11. 千分尺与千分表具有相同的测量精度和分度值。

（　　　）12. 杠杆千分尺的用途与外径千分尺相同。

（　　　）13. 百分表最大的示量范围为 0～10mm，因而百分表只能用来测量尺寸较小的零件。

（　　　）14. 杠杆百分表的使用维护保养与百分表基本相同。

（　　　）15. 杠杆千分尺可用作相对测量和绝对测量。

（　　　）16. 千分表的传动机构中齿轮传动的级数要比百分表多，因而放大比更大，分度值更小，测量精度也更高。

（　　　）17. 量块是一种精密量具，因而在使用时一定要十分注意，不能碰伤和划伤其表面，特别是测量面。

（　　　）18. 百分表的精度比千分表高，测量范围要小。

三、单项选择题（每小题只有一个正确答案，请将正确答案的序号填写在括号内）

1. 量块的形状为（　　　）。

 A. 长方体   B. 正方体

 C. 圆柱体   D. 圆锥体

2. 螺纹千分尺主要用于测量（　　　）。

 A. 螺纹的大径尺寸   B. 螺纹的中径尺寸

 C. 螺纹的小径尺寸   D. 螺纹的顶径尺寸

3. GB/T 6093—2001 规定了（　　　）套量块。

 A. 15   B. 16

C. 20 D. 17

4. 量块组合会产生（　　）误差。

A. 测量 B. 累积

C. 人为 D. 绝对

5. 用游标卡尺测量时，应使量爪（　　）零件的被测表面，保持合适的测量力。

A. 接触 B. 靠近

C. 离开

6. 百分表的精度分为（　　）级。

A. 4 B. 2

C. 3 D. 5

7. 为避免游标卡尺变形，测量完毕时要（　　）。

A. 竖放 B. 侧放

C. 平放 D. 横放

8. 用于测量孔、槽的深度和阶台的高度，可选用（　　）。

A. 齿厚游标卡尺 B. 高度游标卡尺

C. 带表游标卡尺 D. 深度游标卡尺

9. 深度千分尺主要结构与（　　）相似。

A. 外径千分尺 B. 内径千分尺

C. 螺纹千分尺 D. 公法线千分尺

10. 百分表可用作相对测量和（　　）测量。

A. 综合 B. 单项

C. 绝对 D. 直接

11. 内径百分表的使用维护保养与（　　）相同。

A. 百分表 B. 千分表

C. 千分尺 D. 游标卡尺

12. 内径千分尺用来测量（　　）mm 以上的内尺寸。

A. 50 B. 60

C. 30 D. 100

13. 内径百分表用于测量孔的直径和孔的（　　）误差，特别适宜于深孔的测量。

    A. 形状   B. 位置

    C. 跳动   D. 测量

14. 使用百分表测量时,应使测量杆与零件被测表面( )。

    A. 平行   B. 倾斜

    C. 垂直

15. 千分表的分度值为( )。

    A. 0.002mm   B. 0.010mm

    C. 0.005mm   D. 0.001mm

16. 下列计量器具中,测量精度最高的是( )。

    A. 杠杆百分表   B. 杠杆千分尺

    C. 游标卡尺   D. 外径千分尺

17. 关于"级"和"等"的概念,下列说法中错误的是( )。

    A. 按级使用比按等使用测量精度高

    B. 量块按制造精度分为五级,按检定精度分为六等

    C. 按等使用是根据量块的实际组成要素

    D. 按级使用是根据量块的标称尺寸

18. 下列量具中属于标准量具的是( )。

    A. 金属直尺   B. 量块

    C. 游标卡尺   D. 光滑极限量规

19. 读数值为0.02mm的游标卡尺,当游标上的零线对齐尺身上第15mm刻线,游标上第50格刻线与尺身上第64mm刻线对齐,此时游标卡尺的读数为( )。

    A. 16mm   B. 15mm

    C. 64mm   D. 14mm

20. 若外径千分尺测微螺杆的螺距为0.5mm,则微分筒圆周上的刻度为( )。

    A. 50等份   B. 10等份

C. 100 等份 D. 20 等份

四、简答题

1. 游标卡尺使用时应注意什么?

2. 游标卡尺如何维护保养?

3. 外径千分尺的结构如何？使用时应注意什么？使用完后又应如何维护保养？

4. 什么是机械式量仪？常用的机械式量仪有哪些？

5. 百分表的结构如何？怎样正确使用百分表？

6. 千分尺与千分表有何区别？

7. 什么是测微螺旋量具? 如何分类?

8. 如何区分千分表与百分表?

五、综合题

1. 要组成 63.999mm 的尺寸，试选择组合的量块。

2. 简述游标卡尺的读数方法，并确定如图 4-1 所示游标卡尺所确定的被测尺寸的数值。

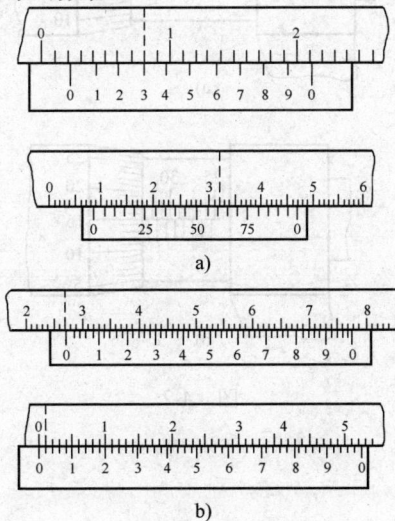

a)

b)

图 4-1

3. 读出如图 4-2 所示外径千分尺的读数。

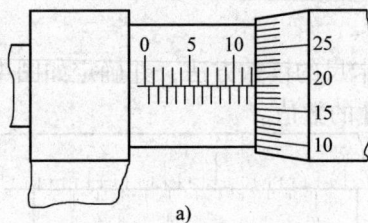

a)

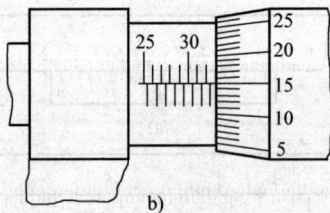

b)

图 4-2

4. 利用国标规定的 91 块成套量块，选择组成尺寸为 $\phi 64 f6$ 的两极限尺寸的量块组。（提示：先确定极限尺寸的大小）。

第三节　常用角度计量器具

一、填空题（将正确答案填写在横线上）

1. 游标万能角度尺是用来测量工件_____的量具。按其_____可分为 2′ 和 5′ 两种；按其尺身的形状不同可分为_____和_____两种。

2. 正弦规是利用_____测量_____的一种计量器具，主要由_____工作平板、两个_____的圆柱、_____、后挡板等组成。

3. 水平仪是用以测量被测平面相对水平面的_____的一种计量器具，在机械制造中，常用来检测工件表面或设备安装的_____或_____情况以及导轨、平尺、平板等的_____、_____、_____和垂直度误差等。它按工作原理可分为_____和_____两类，目前使用最广泛是_____。

4. 框式水平仪由_____、_____、_____、_____和调零装置组成。它与条式水平仪的不同之处是除有安装水准器的_____外，还有与下测量面_____的两个侧工作面，因此框式水平仪不仅能测量工件的_____表面，还可用它的侧工作面与工件的被测表面相靠，检测其对水平面的_____误差。

5. 合像水平仪主要由_____、_____、_____和_____等组成。

6. 直角尺主要用于检验90°_____或_____，测量_____误差，检查机床仪器的_____和_____。按其制造精度分为_____、_____和_____级共四个等级，_____级、0级直角尺的用于检验精密仪器的_____误差，也用于检定____级或____级直角尺，1级直角尺用于检验_____工件，2级直角尺用于检验_____工件。

二、判断题（将正确答案填写在括号内，对画✓，错画×）

（　　）1. 一般来说，正弦规只适用于测量精度较高的小角度零件。

（　　）2. 正弦规的结构形式分为窄型和宽型两类。

（　　）3. Ⅰ型游标万能角度尺的测量范围为0°~360°。

（　　）4. 电子水平仪可分为条式水平仪、框式水平仪和合像水平仪三种结构形式。

（　　）5. 水准式水平仪目前使用最为广泛。

（　　）6. 合像水平仪不仅能测量工件的水平表面，还可用它的侧工作面与工件的被测表面相靠，检测其对水平面的垂直度误差。

（　　）7. 规格为150mm×150mm的框式水平仪最为常用。

（　　）8. 条式水平仪最大特点是使用范围广，测量精度较高，读数方便、准确。

（　　）9. 精度为1级的直角尺比2级的精度要高。

（　　）10. 由于游标万能角度尺是万能的，所以任何角度它都能测量。

（　　）11. 游标万能角度尺的读数方法与游标卡尺相似。

三、单项选择题（每小题只有一个正确答案，请将正确答案的序号填写在括号内）

1. 游标万能角度尺的维护、保养方法与（　　）的维护、保养基本相同。

  A. 游标卡尺   B. 百分表

  C. 螺纹千分尺   D. 量块

2. Ⅱ型游标万能角度尺的测量范围为（　　）。

  A. 0°～300°   B. 0°～320°

  C. 0°～180°   D. 0°～360°

3. 2′游标万能角度尺的分度值为（　　）。

  A. 5′   B. 2′

  C. 0.2′   D. 0.5′

4. 条式水平仪工作面的长度（　　）有两种

  A. 100mm 和 300mm B. 200mm 和 500mm

  C. 200mm 和 300mm D. 300mm 和 600mm

5. 正弦规是利用（　　），测量角度的一种计量器具。它结构简单，使用方便，测量精度高的特点。

  A. 勾股原理   B. 余弦原理

  C. 正弦原理

6. 正弦规结构简单，所以它的测量精度较（　　）。

  A. 低   B. 高

  C. 一般   D. 很低

7. 应用正弦规测量角度时，指示表的测量头直接与被测零件的表面接触，因此这属于（　　）。

  A. 间接测量   B. 直接测量

  C. 单项测量   D. 综合测量

8. 用分度值为 2′和 5′的游标万能角度尺测量为整度数的同

一角度，所得的两个测量结果（　　　）。

    A. 不同

    B. 相同

    C. 数值相同，但测量精度不同

    D. 无法确定

9. 测量机床立柱相对水平面的垂直度应使用（　　　）。

    A. 合像水平仪   B. 条式水平仪

    C. 框式水平仪   D. 以上三者均可

10. 水平仪是用以测量（　　　）的一种计量器具。

    A. 小角度   B. 微小倾角

    C. 大角度   D. 水平角度

四、简答题

1. 简述正弦规的工作原理和使用方法。

2. 直角尺的用途有哪些？如何正确使用直角尺？

3. 水平仪的用途和分类如何？

五、综合题

游标万能角度尺的读数方法如何？读出如图 4-3 所示的角度

138

的数值。

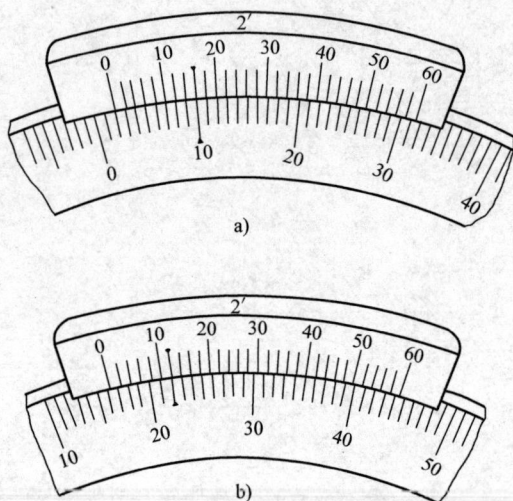

图 4-3

第四节　光滑工件尺寸的检测

一、填空题（将正确答案填写在横线上）

1. 光滑工件尺寸的检测方法通常有两种：一是_____，即采用_____测出工件的_____，判断是否合格。二是_____，采用_____来判断零件的_____尺寸和_____尺寸是否在规定的范围内，从而确定零件是否合格。前者多用于零件的被测要素遵守_____时，对要素的

＿＿＿＿＿误差和＿＿＿＿＿误差分别测量，最后＿＿＿＿＿＿判断零件的合格性，后者用于零件的被测要素遵守＿＿＿＿＿＿＿＿时。

2. 确定工件的合格性时，可能产生两种错误的判断：一种是把尺寸超出规定尺寸＿＿＿＿＿＿的废品误判为合格品而接收，称为＿＿＿＿＿＿；另一种是把处在规定尺寸＿＿＿＿＿＿的合格品误判为废品而予以报废，称为＿＿＿＿＿。误收影响＿＿＿＿的保证，误废则增加了＿＿＿＿＿。因此国家标准规定了验收原则，即"所用验收方法应只接收位于规定的尺寸＿＿＿＿＿＿＿的工件，根据这一原则提出了确定验收极限的＿＿＿＿方式及＿＿＿＿＿＿的选择原则。

3. 验收极限有＿＿＿＿＿和＿＿＿＿＿两种方式，选择时综合考虑尺寸功能要求及其＿＿＿＿＿＿＿、＿＿＿＿＿＿、＿＿＿＿＿＿和＿＿＿＿＿＿等因素。

4. 标准规定：选择计量器具按照其所引起的＿＿＿＿＿＿＿＿来选择计量器具。选择时，应使所选用的计量器具的测量不确定数值 u ＿＿＿＿＿＿所确定的 u_1 值，即 $u \leqslant u_1$。

5. 光滑极限量规是一种＿＿＿＿＿的专用测量工具，它不能测出工件＿＿＿＿＿＿的大小，只能确定被测工件尺寸是否在规定的＿＿＿＿＿范围内，从而判断工件是否合格。它按检验对象的不同分为＿＿＿＿＿和＿＿＿＿＿两种，＿＿＿＿＿用来检验孔，＿＿＿＿＿用来检验轴。

6. 光滑极限量规检验原则依据是＿＿＿＿＿原则，即：对于孔，其体外作用尺寸＿＿＿＿＿＿下极限尺寸，任何位置的提取组成要素的局部尺寸＿＿＿＿＿上极限尺寸；对于轴，其体外作用尺寸小于或等于＿＿＿＿＿，任何位置的提取组成要素的局部尺寸大于或等于＿＿＿＿＿。根据此原则，无论是＿＿＿＿＿还是轴用卡规均由＿＿＿＿＿和止端量规（简称止规）＿＿＿＿＿组成，以分别检验孔或轴的＿＿＿＿＿和＿＿＿＿＿是否在极限尺寸的范围内。

7. 通规按工件的＿＿＿＿＿＿＿＿制造，止规按工件的

_____制造。在检验时，只有当_____能通过，同时_____不能通过，便可判断所测工件合格，否则不合格。

8. 光滑极限量规按照用途可分为_____、_____和_____三种。其中_____是指校对轴用量规的量规，对于孔用量规因工作面是_____，能方便地使用_____测量，故未规定_____。

9. 光滑极限量规工作部位的几何公差与尺寸公差之间应遵守_____，且几何公差不大于尺寸公差的_____。

10. 塞规使用时，要使其工作部分的轴线与被检验孔的轴线保持_____，要保证量规与工件间合适的_____，避免工件与量规的_____而影响检验结果。

11. 为了在生产中严格控制产品质量，尽量减少误收，同时在验收时可以最大限度地接收合格的产品，用户代表在用量规验收产品时，_____应接近工件的最大实体尺寸，止规应接近工件的_____。

12. 工作量规是指工人在生产过程中_____工件用的量规。通规用代号_____表示，公称尺寸等于被测零件的_____；止规用代号_____表示，公称尺寸等于被测零件的_____。

二、判断题（将正确答案填写在括号内，对画√，错画×）

（　　）1. 光滑极限量规结构简单，使用方便，但检验效率较低。

（　　）2. 光滑极限量规是没有刻线的专用定值量具。

（　　）3. 对遵循包容要求的尺寸、公差等级高的尺寸，验收极限按双边内缩方式确定。

（　　）4. 测量，即采用通用量具测出工件的具体尺寸，判断是否合格，此种方法多用于零件的被测要素遵守泰勒原则时。

（　　）5. 误收影响质量的保证，误废增加了成本。

（　　）6. GB/T 3177—2009 中规定，此标准的对象为在图样上注出的公差等级为 IT0 ~ IT18 级、公称尺寸至 500mm 的光滑工件尺寸的检验。

（　　）7. 当过程能力指数 $C_p \geqslant 1$ 时，验收极限可按单边内缩方式确定。

（　　）8. 对非配合和一般公差的尺寸，其验收极限按双边内缩方式确定。

（　　）9. 计量器具的测量不确定度允许值（u_1）按测量不确定度（u）与工件公差的比值分档：对 IT6～IT11 的分为Ⅰ，Ⅱ档，对 IT12～IT18 的分为Ⅰ，Ⅱ，Ⅲ三档。

（　　）10. 光滑极限量规结构简单，适于大批量生产的场合。

（　　）11. 光滑极限量规必须成对使用。

（　　）12. 孔用量规的工作面是内尺寸，因而能方便地使用通用量仪测量，故未规定校对量规。

三、单项选择题（每小题只有一个正确答案，请将正确答案的序号填写在括号内）

1. 光滑极限量规检验原则为（　　）。

    A. 独立原则   B. 包容要求

    C. 泰勒原则   D. 最大实体要求

2. 光滑极限量规工作部位的几何公差与尺寸公差之间应遵守（　　）。

    A. 独立原则   B. 包容要求

    C. 最小实体要求   D. 最大实体要求

3. 验收量规的形式、公称尺寸与（　　）相同。

    A. 工作量规   B. 校对量规

    C. 孔用量规   D. 轴用量规

4. 使用塞规时，要使塞规工作部分的轴线与被检验孔的轴线保持（　　）。

    A. 同轴   B. 平行

    C. 垂直   D. 水平

5. 计量器具的测量不确定度允许值（u_1）约为测量不确定度（u）的_____倍。

      A. 0.9   B. 0.5

      C. 1.0   D. 1.2

6. 验收原则是在参照（　　）标准，制定了 GB/T 3177—2009《产品几何技术规范（GPS）光滑工件尺寸的检验》。

      A. 公制和英制   B. 公制

      C. 国际 ISO   D. 公制和市制

7. 如果工件与计量器具的线膨胀系数相同，测量时只要计量器具与工件保持相同的温度，可以偏离标准温度（　　）。

      A. 20℃   B. 18℃

      C. 25℃   D. 30℃

8. 双边内缩方式的验收极限是从规定的最大实体极限（MML）和最小实体极限（LML）分别向工件公差带内移动一个安全裕度（A）来确定，A 值按工件公差（T）的（　　）确定。

      A. 1/2   B. 1/10

      C. 1/5   D. 1/20

9. 单边内缩方式的验收极限的安全裕度（A）（　　）。

      A. =0   B. >0

      C. <0   D. ≠0

10. 通规按工件（　　）的制造。

      A. 最大实体尺寸   B. 最小实体尺寸

      C. 提取组成要素的局部尺寸   D. 体外作用尺寸

11. 轴用量规的工作面是内尺寸，用通用量仪检测较困难，故对轴用量规规定了（　　）种校对量规。

      A. 5   B. 2

      C. 3   D. 2

12. 光滑极限量规工作部位的几何公差不大于尺寸公差的（　　）。

      A. 50%   B. 100%

      C. 20%   D. 30%

13. 光滑极限量规在使用时一定要使量规标记上的公称尺

寸、公差带代号与工件的公称尺寸、公差带代号（　　），否则不能得到正确的检验结果。

    A. 不一定相同   B. 不同

    C. 相同

四、简答题

1. 检测光滑工件尺寸使用较多的有哪两种方法？它们各自应用在什么场合？

2. 什么是光滑工件尺寸验收原则？其适用范围如何？

3. 验收极限有哪两种方式。如何选择验收极限方式？

4. 计量器具的选择原则是什么？

5. 什么是光滑极限量规？如何分类？

6. 如何使用光滑极限量规检验工件？

7. 什么泰勒原则？

8. 光滑极限量规有哪些主要技术要求？

9. 使用光滑极限量规时要注意哪些事项？

五、综合题

1. 被测孔 $\phi40E7$ （$^{+0.075}_{+0.050}$），试选择计量器具和确定验收极限。

2. 试确定轴 $\phi100h9$ （$^{0}_{-0.087}$）Ⓔ，过程能力指数 $C_P = 1.3$ 的验收极限，并选择相应的计量器具。